贺兰砚话

张晶 主编

中国画报出版社·北京

图书在版编目（CIP）数据

贺兰砚话 / 张晶主编. -- 北京 : 中国画报出版社, 2024.9

ISBN 978-7-5146-2241-6

Ⅰ. ①贺… Ⅱ. ①张… Ⅲ. ①砚台－介绍－宁夏 Ⅳ. ①TS951.28

中国国家版本馆CIP数据核字(2024)第079842号

贺兰砚话

张　晶　主编

出 版 人：方允仲

责任编辑：李聚慧

内文排版：郭廷欢

责任印制：焦　洋

出版发行：中国画报出版社

地　　址：中国北京市海淀区车公庄西路33号

邮　　编：100048

发 行 部：010-88417418　010-68414683（传真）

总编室兼传真：010-88417359　版权部：010-88417359

开　　本：16开（710mm×1000mm）

印　　张：16.5

字　　数：220千字

版　　次：2024年9月第1版　2024年9月第1次印刷

印　　刷：三河市金兆印刷装订有限公司

书　　号：ISBN 978-7-5146-2241-6

定　　价：88.00元

《贺兰砚话》编辑委员会

目录

第一部分：砚语

贺兰砚经历漫长历史，厚积而薄发

第二部分：砚赏

塞北江南为贺兰砚造就意境和神韵

第三部分：砚访

工匠大师们守住了贺兰山的一脉石气

第四部分：砚展

贺兰砚制作技艺与时俱进，走出非凡之路

前言

习近平总书记每次到各地考察调研，都会对当地富有特色的非物质文化遗产热情点赞。他指出：“要加强非物质文化遗产保护和传承，积极培养传承人，让非物质文化遗产绽放出更加迷人的光彩。”

党的十八大以来，以习近平同志为核心的党中央高度重视非物质文化遗产保护传承工作，从坚定文化自信、实现中华民族伟大复兴的全局和战略高度，作出了一系列重大决策部署，非遗保护事业铺展开新时代传承弘扬中华优秀传统文化的生动画卷。

十多年来，全国非遗保护传承行业始终坚持以习近平新时代中国特色社会主义思想为指导，深入学习贯彻习近平总书记关于非遗保护传承工作重要论述精神，着眼于服务党和国家大局，推动非遗保护传承取得显著成效，进入系统性保护新阶段，提供了非遗保护传承实践的“中国方案”。

2011年，《中华人民共和国非物质文化遗产法》颁布实施，为非遗保护传承工作奠定坚实法律基础。2021年，中办、国办印发《关于进一步加强非物质文化遗产保护工作的意见》，为做好新时代非遗保护工作指明目标方向。文化和旅游部印发国家级非遗代表性传承人认定和管理办法、国家级文化生态保护区管理办法，联合中宣部、财政部印发非遗传承发展工程实施方案，联合财政部出台非遗保护专项资金管理办法，逐步健全配套政策，搭建起非遗保护传承法规体系的主体框架。全国31个省区市均出台非遗保护条例，一些市、县出台地方性法规，非遗保护传承工作法治化、规范化水平持续提升。

经过多年努力，我国现已建立包括调查记录、代表性项目、代表性传承人、区域性整体保护、传承体验设施、理论研究在内的非遗保护传承体系；建立起具有中国特色的国家、省、市、县四级非遗代表性项目名录体系；并结合不同门类项目的保护传承规律，制定相应的保护措施，使非遗保护制度更趋完善，非遗保护的“四梁八柱”更加稳固。

宁夏是中华民族远古文明发祥地之一。早在3万年前的旧石器时代就有人类在这里繁衍生息。宁夏的水洞沟遗址是3万年前旧石器时代的遗址。宁夏是“中国长城博物馆”，有着从战国长城到明长城的古长城遗址。宁夏还是红色土地，有红军长征会师地、陕甘宁革命旧址等，既有秀美的风光，又有深厚的历史文化底蕴，宁夏平原古今素有“塞上江南”（亦称“塞北江南”）之美誉。

宁夏虽然处于西北内陆地区，但有着丰富的文化与自然遗产，尤其是凝聚着历代先民智慧与情感的非物质文化遗产。这些非物质文化遗产不仅生动述说着过去，而且也深刻影响着当下和未来，是一笔必须保护好、传承好的财富。

为推动非遗的活态、良性传承，近年来宁夏回族自治区出台管理办法，从项目名录、代表性传承人、保护传承基地、保障措施等方面建立动态管理和奖惩激励机制，加强对宁夏非物质文化遗产的保护管理。依托非遗保护传承基地、非遗扶贫就业工坊、非遗产品展销场馆，组织旅行社团开展旅游线路和旅游产品踩线活动，推动形成“非遗游宁夏”精品线路，研发一批具有较强影响力的非遗旅游产品融入景区展览营销。非遗进校园、进商圈、进社区、进公共场所等活动，在保持传统技艺的基础上，探索非遗与现代生活的有机融合。“活起来”的非物质文化遗产，不仅能展现多彩的民族文化与深厚的民族记忆，还能带来巨大的经济价值，成为开启人们美好生活的一把“金钥匙”。

贺兰山文化是宁夏文化的重要组成部分。贺兰砚凭借其得天独厚的天然俏色雕刻艺术特色，备受海内外人士的喜爱，来到宁夏的人都以得到一方贺兰砚为乐事。贺兰砚产自银川市区以西40公里处的贺兰山小滚钟口。贺兰砚制作技艺被列入第三批国家级非物质文化遗产名录。贺兰砚背后有着漫长的光辉历史：

早在清乾隆四十五年（1780）编撰的《宁夏府志》地理山川部中记载：“笔架山，在贺兰山小滚钟口，三峰矗立，宛如笔架，下出紫石可为砚，俗呼贺兰端。”自乾隆年间被发现后，一直开采至今。贺兰石结构细密均匀，质地细腻，刚柔相济，有豆绿、深紫两色叠加，中间还有石眼、玉带、云纹、眉子等各种象形图案，故制砚艺人都注重运用“俏色”雕刻图案。贺兰石砚具有发墨快、墨汁细、不损笔毫等特点。贺兰石砚具有极高的艺术价值，清末就有“一端二歙三贺兰”的说法。

清光绪年间，湖北人张云亭在宁夏当兵，将砚台制作手艺传于闫万庆、闫万年。二人成年后，由于砚台刻得好，在银川有了一定名气。闫万庆生有三子：闫子江、闫子洋、闫子海。中华人民共和国成立前，享誉银川的“闫家砚”都出自闫氏父子之手，其中闫子江的技艺最为精湛。

20世纪60年代至80年代，闫子江所带的三位徒弟——陈梅荣、施克俭、闫森林都能独立设计制作贺兰砚，并成为工艺美术师，后来闫子江又增收了闫淑英、杨武、樊庆云、张凤灵、马继红等徒工。此外，闫子洋所带出的徒弟石飙、王文华、王屹也陆续成为工艺美术师。至此，贺兰砚制作技艺传承到第四代。

贺兰砚制作技艺被闫氏父子及一代代具有工匠精神的人发扬光大。2011年3月，宁夏贺兰砚制作技艺被列入第三批国家级非物质文化遗产名录，这给贺兰砚及其制作技艺带来了无限活力与发展机遇，提高了宁夏文化软实力及城市知名度，同时增加了当地旅游收入和就业机会。这本《贺兰砚话》有形、有声、有人、有景，以贺兰砚为母体，生动构筑了一部宁夏地域文化简史。

第一部分：砚语

贺兰砚经历漫长历史，厚积而薄发

传说古贺兰山有位女孩叫坦依·贺兰，她不但貌美如花，而且心地善良。坦依·贺兰不顾王室反对，与身份卑微的武士阿拿结为夫妻。她还鼓励部族的青年男女勇敢追求自己的爱情和幸福。后来阿拿在抵御外族的侵略中战死沙场。坦依·贺兰守护在爱人的身边，日夜祈祷，流下的眼泪化作清秀莹润的彩色石头——贺兰石。在爱的感召下，阿拿终于起死回生，从此两人过上了幸福的生活。这个传说故事源自贺兰山岩画——贺兰砚制作技艺的历史雏形。至此，贺兰砚制作技艺走出了数千年甚至数万年的漫长历程，厚积而薄发。

01.源头风景：贺兰砚制作技艺来自贺兰山岩画

贺兰山脉海拔2000~3000米，主峰敖包疙瘩位于银川西北，海拔3556米，是宁夏与内蒙古的最高峰。贺兰山脉为近南北走向，绵延200多公里，宽约30公里，是中国西北地区的重要地理界线。山体东侧巍峨壮观，峰峦重叠，崖谷险峻。向东俯瞰黄河河套和鄂尔多斯高原。山体西侧地势和缓，延伸至阿拉善高原。贺兰山也被宁夏人称为父亲山，为这片土地孕育了人类远古的文化，是华夏文化源头风景之一。

贺兰山岩画，位于宁夏回族自治区银川市贺兰县贺兰山东麓。沿贺兰山自北向南，包括卫宁北山在内，在黑石峁、贺兰口、苦井沟、大麦地等27处都有岩画遗存，总计约有组合图画5000组以上、单体图像2.7万多幅；已被记录的岩画单体图像有19752幅。

贺兰山岩画记录了3000至10000年前人类放牧、狩猎、祭祀、征战、娱舞、繁衍等生产生活场景，成为研究远古人类文化史、原始艺术史的文化宝库。通过这个多彩的岩画万花筒，可以窥见古代游牧人一幕幕富有生机的社会生活。

1996年，贺兰山岩画被国务院公布为第四批全国重点文物保护单位；2006年1月，被建设部列入首批中国国家自然与文化双遗产预备名录。

贺兰山岩画应该就是贺兰砚制作技艺的历史雏形。

贺兰山岩画与中国北方其他地区已被发现的岩画一样，一般采用敲凿、磨刻、划刻三种方法制作图像，其中又以敲凿法为主要方法。

敲凿法，是用有尖部的工具在石面上直接锤打出凿点，由凿点勾画组成图像轮廓的作图方法。据考察分析，用敲凿法制作的图像，如果先敲凿或刻划出轮廓线，再继续用敲凿法成图，凿点就会较小且较密，图像也更清晰一些。

磨刻法，是用工具在岩石硬度较低的石面上来回摩擦而制成图像的方法。贺兰山地区岩石硬度普遍较高，用磨刻法制作成的岩画比用敲凿法制成的少。

划刻法，是用坚硬的工具在岩石石面上刻划出图像轮廓。用这种方式制作的岩画在整个贺兰山岩画中数量很少。

贺兰山岩画中很少有用单一方法制作的图画。创作者根据需要，往往混合使用三种方法，这样制作出来的图像与用单一方法制作的图像相比，线条匀称流畅，图像清晰美观，表现能力较强，具有较高的艺术欣赏性。

远古人类就这样将艺术雕刻在了石头上，朴素而虔诚地记录了他们的生产生活、图腾崇拜及心灵渴望等，体现出了人类最早的雕刻技艺。

坦依·贺兰传说故事的背后，有着人们对美好生活的渴盼：为纪念坦依·贺兰和阿拿的爱情，人们将贺兰石称为爱情石和吉祥石，并把它当作爱情的信物和幸运的象征。人们相信贺兰石是一种极有灵性的石头，相信贺兰石不但能达成自己的愿望，促进恋人心灵共鸣，而且能够改善人的运程。传说，如果有人能将七块贺兰石叠起，就会遇到自己命中注定的缘分。

缘分的背后是科学：贺兰石形成于18亿年前中元古代早期，因地壳变动、泥沙沉积而形成，属于沉积岩。其产于海拔2600米左右的贺兰山悬崖上，是地层中染色沙质极岩在自然应力作用下形成的块状岩体。构成贺兰石的矿物非常微细，只有头发丝的几十分之一，但它们结合得特别紧密。就在这般细腻的基底上，均匀散布着许多比较坚硬的石英粉和铁矿物微粒，它们恰似在贺兰石中嵌入了“硬质合金”，使得贺兰石刚柔相宜，是一种十分难得的石料。

贺兰石质地细密、古雅莹润、紫绿相间、交错辉映、刚柔相宜、叩之有声，石料结构均匀，呈天然深紫和豆绿两色。美丽的石头注定了它与岩刻（岩画）的相遇。

最早发现贺兰山岩画并用文字记载下来的人，当数中国北魏时期的地理学家、旅游家郦道元（约470—527）。

郦道元在其专著《水经注》卷三“河水三”中有这样的记载：“河水又东北径浑怀障西……河水又东北，历石崖山西。去北地五百里，山石之上，自然有文，尽若虎马之状，粲然成著，类似图焉，故亦谓之画石山也。又北过朔方临戎县西。”

据后世的学者考证，《水经注》中所说的这条“河”，是指宁夏境内西来北流的黄河；“浑怀障”和“临戎县”，是黄河沿岸、贺兰山近旁的原宁夏陶乐县和内蒙古磴口县；那类似虎马图画的“画石山”，可能就是贺兰山上刻着马或其他动物的岩画。这可能是中国和世界上有关岩画的最早的文献记录。

贺兰山岩画大规模地被发现，始于20世纪70年代末。陆续大规模发现贺兰山岩画的，是生活于贺兰山及其周边地区的广大农牧民群众。随着改革开放进程中文化水平的提高和法律意识的增强，农牧民群众已经初步认识到贺兰山岩画的文化意义，他们纷纷向村、乡、县和自治区级有关部门写信、上访，反映所发现岩画的情况。自治区、市政府对此高度重视，责令自治区、市、县级文化、文物部门开展普遍调查。这期间，也有非文化文物部门的岩画研究爱好者，克服困难考察岩画，收集资料研究岩画，奔走呼号宣传岩画，推动了贺兰山岩画探索研究工作并取得可喜的成绩。

从1984年起，根据国家文物局和自治区政府领导的指示，在自治区文化厅、文管会的部署下，宁夏文物考古研究所和各市、县文管所组织力量，从北向南对贺兰山一带遗存的岩画进行了普查、建档的初步工作。

1987年，宁夏文物考古研究所再一次组织专业队伍，由有关县、市文物普查队配合，沿贺兰山自北向南对岩画进行现场勘察、编录、拍摄、临摹和制作拓片，初步揭开了贺兰山岩画的神秘面纱。而贺兰石成为贺兰砚，又经历了一个漫长的过程。

蒙恬（？—前210年），姬姓，蒙氏，名恬，齐国蒙山（今山东省临沂市蒙阴县联城乡边家城子村）人。秦朝名将，上卿蒙骜之孙，内史蒙武之子。出身名将世家，自幼胸怀大志。率军攻破齐国，拜为内史，深得秦始皇宠信。秦统一六国后，蒙恬率领三十万大军北击匈奴，收复河南之地，威震匈奴，被誉为“中华第一勇士”。蒙恬还是中国西北最早的开发者，是古代开发宁夏第一人。

蒙恬监修万里长城和九州直道，克服了国内交通闭塞的困境，大大促进了北方各族人民经济、文化的交流和融合。秦始皇去世后，中车令赵高、丞相李斯、公子胡亥暗中谋划政变，蒙恬吞药自杀。

关于蒙恬，还有这样一个传说：

公元前223年，蒙恬带兵在外作战，定期写战报呈送给秦始皇。当时，人们用竹签写字，很不方便，蘸了墨没写几下又要蘸。一天，蒙恬打猎时看见一只兔子的尾巴在地上拖出了血迹，突然来了灵感。

蒙恬立刻剪下一些兔尾毛，插在竹管上，试着用它来写字。可是兔毛油光光的，不吸墨。蒙恬又试了几次，效果还是不行，于是随手把那支“兔毛笔”扔进了门前的石坑里。有一天，他无意中看见了那支被自己扔掉的毛笔，捡起来后，发现湿漉漉的兔毛变得更白了。

蒙恬将兔毛笔往墨盘里一蘸，兔毛竟变得非常“听话”，写起字来非常流畅。原来，石坑里的水含有石灰质。经碱性水的浸泡，兔毛的油脂去掉了，变得柔顺起来。传说这就是毛笔的来历。

用毛笔就得有砚，因为蒙恬出征的地方在河套地区，即今宁夏、内蒙古西部地区，这也让贺兰石在传说中与蒙恬发明的笔相遇了——贺兰石究竟是何时登上石刻舞台的，众说不一。最早的一种传说跟“蒙恬制笔”联系上了，蒙恬“以柘木为管，鹿皮为柱，羊皮为被”，制造了被后人称谓的“秦笔”“苍毫”。既然蒙恬所处的时代有了笔，与其配套的砚似乎也应当出现，因此便联系上了贺兰石。

然而，这些传说并无史料记载。出土的文物已证明，毛笔远在“蒙恬造笔”之前很久就有了。但蒙恬作为毛笔制作工艺的改良者，功不可没。据说，蒙恬是在出产最好兔毫的赵国中山地区，取上好的秋兔之毫制笔的。湖北云梦秦墓中出土的三支竹竿毛笔，用竹制笔管，在笔管前端凿孔，将笔头插在孔中，另做一支与笔管等长的竹管做笔套，将毛笔置于笔套之中，再用胶粘牢。为取笔方便，笔套中间镂有8.5厘米长的长方形孔槽，竹筒涂以黑漆，并绘有红色线条。可见，这支秦笔的制作已采用了一套完整的制作工艺，而且与现代的笔及其制法颇为相似，较之战国时期的楚国笔已大有进步。

尽管如此，传说仍在流传，蒙恬仍然被人们奉为笔祖，并在原来的基础上，又涂抹了一层文化底色——蒙恬的夫人卜香莲是善琏（浙江省湖州市南浔区辖镇，因产湖笔而闻名，被誉为“中国湖笔之都”，据《中国古今地名大辞典》记载：“善琏，在浙江吴兴府城东南七十里，又名善练。以市有四桥，曰：福善、宝善、庆善、宜善，联络市廛，形如束练故名）西堡人，也精通制笔技艺，被供为“笔娘娘”。蒙恬与夫人将制笔技艺传授给村民，当地笔工为了纪念他们，在村西建有蒙公祠，绕村而过的小河易名为蒙溪，蒙溪又成了善琏的别称。

据说，农历三月十六与九月十六分别是蒙恬和卜香莲的生日，村民会举行盛大敬神庙会，以纪念笔祖。

不仅是传说，一些古籍里也有“蒙恬造笔”的记载：

《太平御览》引《博物志》曰：“蒙恬造笔。”

崔豹在《古今注》中也说：“自蒙恬始造，即秦笔耳。以枯木为管，鹿毛为柱，羊毛为被。所谓苍毫，非兔毫竹管也。”

…………

所有的笔似乎都在等待着砚，但贺兰砚却出现得较晚——距蒙恬的时代晚了近2000年。

02.贺兰砚是砚中后起之秀，诞生不久便成名

贺兰石开采于清朝康熙年间。贺兰砚，因其石料产于宁夏贺兰山而得名。其料分为前山石和后山石两种：前山石分布于笔架山一带，质地稍粗，彩色石不多；在小滚钟口后山的大寺沟的山峰背后所产石料，被称为后山石，石料较前山石质地细腻，色彩丰富，易于制砚。

有关贺兰石及其刻砚最早记载，可能要推刻印于清乾隆四十五年（1780）的《宁夏府志》了。在其“地理山川”一节里有这样的描述：“笔架山在贺兰山小滚钟口，三峰矗立，宛如笔架，下出紫石可为砚，俗呼贺兰端。”

清朝光绪年间，宁夏知府赵惟熙作《研山斋》诗道：“贺兰富研材，堆砌成小山。夙有临池兴，薄书傥余间。”

这就是说贺兰砚真正的开发时间距今不足300年。砚亦称为研，我国传统手工艺品之一，与笔、墨、纸合称文房四宝，是中国书法的必备用具。其中以

山东青州的红丝砚、广东肇庆的端砚、安徽古歙州（今黄山）的歙砚、甘肃卓尼的洮河砚最为突出，一度被称为“四大名砚”。

汉代刘熙在《释名》中解释：“砚者研也，可研墨使和濡也。”砚是由原始社会的研磨器演变而来。初期的砚，形态原始，是用一块小研石在一面磨平的石器上压墨丸研磨成墨汁。至汉时，砚上出现了雕刻，有石盖，下带足。魏晋至隋出现了圆形瓷砚，由三足而多足。箕形砚是唐代常见的砚式，形同簸箕，砚底一端落地，一端以足支撑。唐、宋时，砚台的造型更加多样化。

砚台历经秦汉、魏晋，至唐代起，各地相继发现适合制砚的石料，开始制作石为主的砚台。其中采用甘肃岷县的洮河石、广东端州的端石、安徽歙州的歙石制作的砚台，被分别称作洮砚、端砚、歙砚，史称“三大名砚”。

洮砚距今已有1300多年的历史，以其石色碧绿，雅丽珍奇，质坚而细、晶莹如玉，扣之无声、呵之可出水珠、发墨快而不损毫、储墨久而不干涸的特点饮誉海内外，历来为宫廷雅室的珍品、文人墨客的瑰宝、馈赠亲友的佳礼、古玩库存中的奇葩。历代文人、学者、书画家对洮砚赋铭咏诗，赞叹不已。

唐代柳公权《论砚》写道：“蓄砚以青州为第一，绛州次之，后始端、歙、临洮。”北宋著名鉴赏家赵希鹄《洞天青禄集》云：“除端、歙二石外，惟洮河绿石，北方最贵重，绿如蓝，润如玉，发墨不减端溪下砚，然石在大河深水之底，非人力所致，得之为无价之宝。”宋代大文豪苏轼、黄庭坚分别赞叹洮砚：“洗之砺，发金铁，琢而泓，坚密泽”，“久闻岷石鸭头绿，可磨桂溪龙文刀，莫嫌文吏不使武，要使饱霜秋兔毫”。当代书法大师赵朴初题诗：“风漪分得洮州绿，坚似青铜润如玉。”

端砚出产于唐代初期端州（今广东肇庆市东郊的端溪），故名端砚，距今也有1300多年的历史。“三大名砚”中，端砚最为著名。以石质坚实、润滑、细腻、娇嫩而驰名于世，用端砚研墨不滞，发墨快，研出之墨汁细滑，书写流畅不损毫，字迹颜色经久不变，端砚若佳，无论是酷暑还是严冬，用手按其砚心，砚心湛蓝墨绿，水气久久不干，故古人有“呵气研墨”之说。

歙砚，全称歙州砚，产于安徽黄山山脉与天目山、白际山之间的歙州，包括歙县、休宁、祁门、黟县、婺源等县。歙石的产地以婺源与歙县交界处的龙尾山（罗纹山）下溪涧为最优，所以歙砚又称龙尾砚。龙尾山则是大部分存世歙砚珍品的石料出产地。除此之外，歙县、休宁县、祁门县亦产歙砚。

歙砚的制作材料被称为歙石或歙砚石，一般需要5亿~10亿年的地质变化才能形成，其中最适合制砚的是轻度千枚岩化的板岩。其主要矿物成分为绢云母、石英、黄铁矿、磁黄铁矿、褐铁矿、炭质等，粒度0.001~0.005毫米，比重2.81~2.94。歙砚石的花纹结构十分突出，分为鱼子纹、罗纹、金晕纹、眉纹、刷丝纹等类型。由于其矿物粒度细，微粒石英分布均匀，故有发墨益毫、滑不拒笔、涩不滞笔的效果，受到历代书法家的称赞。

南唐后主李煜说“歙砚甲天下”；苏东坡评其“涩不留笔，滑不拒墨，瓜肤而縠理，金声而玉德”；米芾说：“金星宋砚，其质坚丽，呵气生云，贮水不涸。”

清末，人们又将河南洛阳的澄泥砚与洮、端、歙，并称为中国四大名砚。

澄泥砚是中国传统工艺品之一，始于汉，盛于唐宋，迄今已有千余年历史。澄泥砚用特种胶泥加工烧制而成，因烧过程及时间不同，呈现多种颜色，有的一砚多色。尤其讲究雕刻技术，有浮雕、半起胎、立体、过通等品种。由于使用经过澄洗的细泥作为原料加工烧制而成，澄泥砚质地细腻，犹如婴儿皮肤一般，而且具有贮水不涸，历寒不冰，发墨而不损毫，滋润胜水可与石质佳砚相媲美的特点，因此前人多有赞誉。今日所见古澄泥砚极为稀少，上品更是难求。

鲁砚泛指山东境内所产的各种砚品。山东是古齐鲁之邦，文化源远流长。境内所产砚石，品类繁多；琢砚工艺，代有发展，素有“齐笔鲁砚”之美誉。鲁砚有十多种，并久负盛名。像红丝石、淄石、徐公石、田横石、尼山石、金星石、浮来山石、龟石、燕子石等砚品早在唐宋时期就被视为稀世珍宝。西晋《博物志》有“天下名砚四十有一，以青州红丝石为第一”的记载。

通过以上记述可以看到，无论是洮砚、端砚、歙砚，还是澄泥砚、鲁砚，其历史都要比贺兰砚早，但这并不是说，贺兰砚就要比这些砚“落后”。贺兰石因为结构均匀，质地细腻，刚柔相宜，是一种十分难得的石料。用其刻制的贺兰砚，具有发墨、存墨、护毫、耐用的优点。贺兰砚发墨迅速，不郁结，又耐用，带盖的贺兰砚如同密封器一般，素有“存墨过三天”之誉。

这一优点深受书法家、画家的喜爱。到了清末，就开始流传“一端二歙三贺兰”的说法。很明显，贺兰砚属于砚中的后起之秀，诞生不久就成为名砚，而这也使得贺兰砚在我国源远流长的制砚工艺中有了一定的地位。

03.贺兰砚为什么会成名，博采众长是它的特性

汉代刘向《说苑·君道》："凡处尊位者，必以敬下，顺德规谏，必开不讳之门，蹲节安静以藉之，谏者勿振以威，毋格其言，博采其辞，乃择可观。"是为汉语成语博采众长的出处。贺兰砚为什么会成名？除了砚石的质地优良，还因为贺兰砚具备了博采众长的特性。

清朝末年，宁夏府（今银川市）制砚艺人只有三四家，工具简陋，制作简单，其砚粗糙。后从江南聘请制砚匠人传授技艺，方法有所改进，工艺日渐精湛，使得贺兰砚既显塞北粗犷豪放的风格，又具江南细腻灵巧的神韵。民国期间，制砚艺人渐多，其中闫万庆、闫万年兄弟善雕刻，是当时宁夏较为著名的制砚艺人，他们制作的砚台，被称为闫家砚，售价在十几个现大洋[1]左右，若雕

1 现大洋，即现洋，旧称一元的银币。

工加镌人物、山水、花鸟则更为昂贵。

以上的历史告诉人们，贺兰砚除了拥有北国粗犷豪放的风格，又具江南细腻灵巧的神韵，而这恰恰是贺兰砚博采众长的特性。

砚雕与玉雕一样，是一种艰苦细致的技术工作，从设计开始到完成工序是一次性的。没有熟练的技术难以雕成一方好砚。历代砚雕技工主要是父子传承，代代相传。

洮砚

洮砚以优良多彩的石质、精美的雕刻工艺赢得了国内外专家学者的赞赏。中华人民共和国成立以后，砚雕业如枯木逢春。国家大力抢救培植这朵古老的艺术奇葩，在保护的基础上，科学开发洮石资源。

洮砚精美典雅，风格独异，多次在全国地方工艺美术品展览会、全国文房四宝展览会等展销中名震群芳。当代著名诗词大师赵朴初先生曾对这颗重放异彩的砚林明珠倾情盛赞："风漪分得洮州绿，坚似青铜润如玉。故人万里意殷勤，胜我荒斋九年蓄。"

洮砚雕刻艺人经过长期不断的创作实践，精益求精，一丝不苟，流传下来了丰富多彩的艺术图案。

洮河石雕一般以砚雕为主，兼有立体山水人物、香庐等石雕。一台砚从设计至雕琢完工，倾注了砚工艺人的心血。工序很复杂：首先根据石料的自然形态和大小确定要刻的图案，然后设计砚台构造、款式、装饰等，再按程序施刀。先粗后细，从外至里，一丝不苟地精雕细刻。砚台由墨池、水池和盖三大部分构成。

洮砚除了使用价值外，也很讲究艺术观赏价值。因此，砚工把精力倾注于图案的章法布局，从而产生艺术美。砚工对砚盖的款式极为重视。盖面有名家诗词或题字及落款，或是雕龙凤等。字体不拘一格，有楷、草、行、隶、篆，包括上、下、边款。装饰是砚的重要组成部分，由图案和文字组成。目的是突出主题图案，其次是搭配协调。

洮砚雕刻内容广泛，包括山水、人物、龙凤、花鸟、鱼虫等，并吸收了玉雕、牙雕、砖雕、木雕等技法。浮雕和透雕是基本技法。浮雕是在平面上雕隆起物体，刀法由浅到深逐步进行，使物体产生栩栩如生的效果。透雕是在浮雕的基础上进行镂空雕，形成强烈的真实感和整体感。

洮砚采用民间流行的传统图案和现代图案。一般有龙凤图、宗教饰物图、谐音寓意图，如二龙戏珠、龙凤朝阳、八吉祥、佛八宝、福寿延年、福荣有余、四君子、岁寒三友、松鹤延年、大闹天宫、文成公主、亭台楼阁等。传统图案倍受国内外文人墨客和收藏家的喜爱。

歙砚

歙砚的图案美表现在图案与砚石浑然一体、和谐统一。图案在歙砚的造型中起着装饰、美化的作用。歙砚的图案具有多样性，具体分为：连续式、对称式、适合式、独立式和组合式等。连续图案多为二方连续，其纹样有双钩纹、回纹、卍字纹、连珠纹、缠枝纹等；对称图案主要有夔纹、凤纹、龙纹等。这两类图案一般用在砚的正面的边沿上。长方形、方形、椭圆形、圆形等图案适用于砚的正面，也可用于砚的反面作为装饰，有的将砚堂、墨池的形式融于图案中，实用与审美相得益彰，如古钟砚、太平有象砚、宝鼎砚等均属此类。

歙砚将合适的图案以浅浮雕或阴刻的手法布置于砚的背面，具有很强的装饰性和欣赏性。人们把这种形式称为背花雕，其独立图案整体感强，仿物造型皆属此类，如荷叶砚、琴砚、蝉砚、鹅砚等。组合图案多用于随形砚中，图案中的形象十分丰富，有山水人物、日月星云、飞禽走兽、楼台亭阁、古树怪石、龙凤神仙等，其画面活跃，富有生气，令人喜爱。

歙砚不仅材质美、图案美，还有意蕴美，歙砚坚润的特点与文人的气质相吻合。清代徐毅在《歙砚辑考》中说："凡石质坚者必不嫩，润者必有滑，唯歙石则嫩而细，润而不滑，扣之有声，抚之若肤，磨之如锋，兼以纹理烂漫，色似碧天，虽用积久，涤之略无墨渍，此其所以远过于端溪也。"其形或古朴，或飘逸，或隽朗，或拙中藏巧，或因势象形，无不与文人气宇轩昂、不求功名、达观、朴素、超然无外、随遇而安的性格相契合。

歙砚雕琢形式主要有以下7种：仿古式，即仿照历代砚式，如圭式、风字、凤池、古钱、古瓶、钟鼎、合璧、笏式、龟式、琴式、荷叶式、蟾蜍式、日月式、抄手式等，淳朴古拙，多用作收藏鉴赏；自然式，按照砚石的形状、花纹，因材施艺，巧作而成；大冠式，长方形，上端砚边稍宽，下端砚边稍窄，砚边雕各式回纹图案，砚池开砚舌，背刻复手，内镌铭文、人物、山水等图案；玉堂式，又称素边砚，长方形，不刻图案文饰，砚池可开砚舌，也可雕淌池，为实用型砚式；砚坯，是一种罕见石品，纹理极美，刻砚家不忍下刀，留作观赏的砚材；套砚，以一般砚石刻成托，嵌进石质精良的砚心；漆珍砚，以名贵砚材薄片嵌入漆盒，巧作而成。

在艺术处理方面，歙砚多为简作，但也吸收了繁作的长处。繁作：设计属图案式。精雕细琢，左攀右挽，以显富丽。元代、清代多是此作。简作：设计属弦纹式。突出线面的刚柔转折，以素著称，铭文图案镌于砚背。宋、明多行此作。

砚雕的制作工艺主要有徽、粤、苏三大流派，而歙砚所属的徽派素以精细见长，所雕山水、殿阁、人物、瓜果、鱼龙等，无不神态入微。歙砚的雕琢，富有浓厚的徽派风格，一般以浮雕浅刻为主，偶有深刀雕刻。深刀所琢的殿阁、人物等作品，手法细腻，层次分明，而砚池的开挖也能做到相互呼应，十分协调。因创作需要，有时也将立体镂空雕在某件作品的局部上进行淋漓尽致的展现。

端砚

唐代的端砚大多以实用为主，供研墨之用，砚面基本没有纹饰，砚形也较为单调，以箕形砚、八棱形、长方形较为常见。宋代是砚台发展的一个高峰时期，文人墨客热衷于鉴赏、收藏和研究端砚，使这一时期的端砚兼具实用与欣赏价值，砚形砚式与唐代相比更为丰富。元代端砚制作承袭宋制，装饰简单朴拙，刀法粗犷浑厚，多无精雕细琢，呈现出简朴实用的特点。明代端砚在唐宋的基础上发展和创新，创造了更多的砚形砚式，如风字砚、荷花长方砚、蝉形砚、琴式砚等。清代端砚制作在明代的基础上继续发展，制砚工艺更加精致细腻，砚形砚式也更为丰富，使得制砚巧匠名噪一时，藏砚名家蜚声后世，端砚工艺达到了顶峰。

贺兰砚

洮砚、歙砚、端砚等名砚的辉煌与流传，为贺兰砚的崛起提供了学习的

“蓝本”，所以，贺兰砚雕刻的匠人们挥艺传神、刀毕功就，他们的刀法既能简单朴拙又能精雕细琢，刀走凌云志、字形流云姿。把贺兰石雕刻作为一门历史悠久的传统艺术，呈现出方寸之间的万千气象，也让贺兰砚集使用、观赏和收藏于一身。这便是“后生”的力量，是贺兰砚制作技艺博采众长的结果。

在这中间，还有一个历史契机：到了清代，自同治之乱起二十年间，屡遭战乱，洮砚石料产地农民离乡背井，逃往陇南各地避难，砚业生产处于停滞状态。至后来返乡时，砚雕艺人因病等原因减员到十不存一。砚工子弟们只好以掘石向附近地区出售维持生活。因为社会需求量增加，至民国二十五年（1936）前后，年生产量达到近千方。由于大量乱采，石料资源大量浪费，矿产资源严重紧缺。

据当地史料记载，当时的砚石矿藏于喇嘛崖山洞中，其中耸崎于洮河之滨，三面环水，水流汹涌奔腾，海拔高度2939米，高寒缺氧，常人难以涉足，从悬崖壁进入山洞，雨季河水涨至洞口。石工们用油灯或烛光照明进洞，弯腰弓背支起护架，除此无其他防护设备。然后用钢钎铁锤采掘，采到一块石料绝非易事。而此时贺兰砚则处于一个相对宽松的开发环境，所以，也便有了“填补”洮砚市场空白的机会。在此基础上，贺兰砚讲究“相石”和“俏色”，很快也便从砚石中脱颖而出，成为名砚了。

所谓相石，就是观看石料的质地、走向和纹理，以及石料的大小，厚薄和自然形状；所谓俏色，是匠人根据石料紫、绿两色的多少，大小和分布位置，设计图案与层次，计划雕刻几层色彩、使用哪种图案。成品要使整个砚面紫绿分明、含蓄典雅、突出主题。因为相石与俏色在行业的流传，匠人们用智慧向消费者提供了最好的贺兰砚，贺兰砚渐渐成名。

1963年12月，董必武视察宁夏时，曾为贺兰石砚题诗：

色为端石微紫深，纹似金星细入肌；

配在文房成四宝，磨而不磷性相宜。

1997年，宁夏回族自治区给香港特别行政区的礼品，就是用贺兰石制作的石砚“牧归”。

其时，贺兰石砚已经真正被大众接受和喜爱了，在名砚的市场上拥有了一席之地。

04.贺兰砚成名后，走过“惟石能言”的漫漫长路

岁月失语，惟石能言。

“太阳神”是贺兰口最著名的一幅岩画，位于一条沟的北侧向阳岩壁上，离沟底约15米，须登上小径才能近处观赏。它刻痕清晰，形象完整，噘着嘴，两只大眼圆瞪，头发直立，有点像卡通人物，号称“镇山之宝”，享誉全球。

太阳神岩画是贺兰山岩画中最具代表性的象征和标志。据考证，这幅太阳神岩画大约凿刻于新石器时代。岩画中的太阳神头部有放射形线条，象征着太阳照耀大地时，散发的万丈光芒；面部呈圆形，重环双眼，并长有睫毛，炯炯有神，直面东方，看上去神采奕奕、威武之极，给人以震撼的力量。这种双环眼的构图法，在贺兰山岩画中只有地位极高的神灵才拥有。太阳神岩画是贺兰山岩画中的精品，其细腻的线条和独特的造型在世界上也是独一无二的。

太阳神岩画是贺兰山岩画当中距地面最高的一幅。每天清晨的第一轮阳光

总是照耀在刻有太阳神岩画的巨石上，在一天里太阳神岩画受到阳光照射的时间也最长。

太阳神岩画这类人面岩画在我国很少见，大部分集中在环太平洋地区的11个国家。有专家推测，远古时期贺兰山下有大量居民，甚至形成了部落。在贺兰山，如此集中且表现内容丰富的人面像岩画群也成为岩画界研究重点。

世界岩画馆坐落于宁夏，是中国首个大型岩画专题博物馆。馆内精选了世界各地具有代表性的岩画图录、拓片、照片、实物和复制品546件，集中展示31个国家、200多个岩画点的内容，将隐藏在深山中的岩画“请出来”对外展示，让不可移动的文物“活”起来，起到了寓教于乐的作用。

作为雕刻艺术的贺兰砚，当然不会忽略这来自远古部落图腾的“太阳神”，当刀笔划过岁月，太阳神岩画原始古朴的艺术特性也展现在了贺兰砚上，岩画与砚刻相辅相成，进而走向了全国各地。雕刻着贺兰山岩画的贺兰砚就这样让贺兰山岩画像图录、拓片、照片一样易于传播，让世人更容易看得见、摸得着。正是在此过程中，贺兰砚制作技艺受到了贺兰山岩画艺术的滋养，或者说，贺兰砚制作技艺工匠们借助贺兰山岩画艺术哺育了贺兰砚，使贺兰山的远古文化成为贺兰砚的艺术底色，并因此拥有了远古艺术的生命活力。

这种远古艺术的生命活力，使得贺兰砚在无形中吸纳了贺兰山更多的远古文化艺术，不仅包括山水图案，还包括从远古神话和有信史以来的文字记述，这些都在文化渗透和浸润的过程中，成为贺兰砚的艺术特质。

在古人的概念当中，西部之山皆出昆仑。昆仑神话是世界两大神话之一，与希腊神话齐名，主要记载了人类从诞生到发展的重要历程，其产生、流传的过程与中华民族生存与发展的过程是同步的。

昆仑山在神话中有崇高的地位，《山海经·海内西经》说，它是海内最高的山，在西北方，是天帝在地上的都城。昆仑山方圆八百里，高达七八千丈。上面长着一种木禾，高四丈，粗够五个人合抱。山的每一面有九口井，每口井都用玉石（古人所说玉石，即优质石）作栏杆。每一面又有九道门，每道门都有开明兽在那里看守着。开明兽是一种半人半兽的神，身躯有一头虎那么大，九个头，长得都是人面，向着东方，立在昆仑山上。昆仑山是百神所在的地方。

昆仑山与古代的夏、周、羌几个民族都有联系，在古代神话中的地位，类似于希腊神话中的奥林匹斯山。《山海经》提到过几十座山，昆仑山雄踞为冠。它作为天帝的都城，自然被天帝所统治。据说，这位天帝便是黄帝。黄帝派去管理昆仑山的神叫陆吾，也是半人半兽形，人的面孔，虎身虎爪，长了九条尾巴。（见《西山经》）民间神话中昆仑山上的主角是穆王，他乘坐八匹马拉的车子与西王母为爱而相会。周代穆王继位时已经50岁了，在位55年而崩，是古代的长寿帝王。也许因为他长寿，后世便传说周穆王游行四海，见到了帝台的西王母；有的说穆王西巡，有偃师求见；有的说他与西王母一同成仙而去；等等。

古人概念当中的西部之山——贺兰山，曾经是“昆仑山”的一部分，也是昆仑神话的一部分。不周山，中国古代神话传说中的山名，最早见于《山海经·大荒西经》：“西北海之外，大荒之隅，有山而不合，名曰不周。”关于共工氏和颛顼争夺帝位，怒撞不周山的传说，已经流传了两千多年。一说不周山就是昆仑山西北部的帕米尔高原。一说不周山在祁连山尾，六盘山西侧，三面环山，东面有一谷口，名不周山。一说不周山位于贺兰山脉。研究《山海经》的宁夏学者高嵩苦苦找寻了八年，终于确定，位于宁夏与蒙古分界处的贺兰山，就是上古时代的不周山。另据考证，大禹治水时，由于贺兰山阻碍黄河向西北流动，所以大禹将贺兰山劈开，令其变为一座“残山”，而残山与“不周山”的残缺相吻合。这些说法虽然都有争议，但也让贺兰山站在了诞生昆仑神话的昆仑山之列——贺兰山脉周围的河流错综复杂，河流走向西北，荒漠与山地之间有倾颓感，符合神话故事中“天柱坍塌，河流向西北汇聚”的记录；被劈开的山体形成了巨大而空旷的山谷，山谷的石壁上雕刻着很多年代无法确定、形状诡异、构图怪诞的壁画、符号及几何形状，许多形状与《山海经》中记录的异兽相吻合，被一些专家推测为上古文明。

另外，贺兰山风景秀美、景观奇特。自“水关”至“芦沟窑”900多米的山谷两侧，百步一景，处处有传说。

贺兰口又称“豁了口”，在贺兰口沟内平卧着一块大石头，很像人的一只脚，在大石头上又磨刻着两个大脚印，一前一后，好像一个巨人跨大步时留下的印痕。传说仙人在此开山时豁了口，留下此足印，黑狼氏初祖踏了仙人的足迹后有了身孕，繁衍成后来的贺兰部，因此，“豁了口”又称贺兰口。据说，有些不怀孕的妇女，到这里来摸一摸仙人的大脚印，回去不久就会怀孕。

在贺兰口沟内北坡，有一石洞，常有青蛇出入。相传古时有猎人经此，见洞中宽可容身，清凉宜人，遂入洞卧睡，梦见青蛇咬身。惊醒后，见两蛇交尾于胯侧，并无伤人之意，便轻轻从洞中退出。当日猎得青羊两头、山鸡八只，满载而归时，两蛇已不见踪影。此后，猎人出行，每于洞中小憩，则猎物所获必丰，故将此洞名为灵蛇洞。旧时，猎户常于每年惊蛰日祭拜灵蛇洞，以求出猎成功。《周公解梦》书云：“梦被蛇咬主大运。”

燕子梁因燕雀群聚而得名。每至春夏之交，山燕南归，栖聚梁上，呢喃之声不绝于耳。传说有兄弟二人，自山后至此，见劳燕分飞，上下穿行，无可尽数，竟心生歹意，毁燕窝牟利，取幼雏贩商。惹得群燕愤怒，一齐冲向二人，啄眼毁容。两兄弟急不择路，坠入深渊，其尸肉虎狼不食，腐臭冲天，群燕遂弃窠远去，再不复返。燕子梁后深谷中，至今尚有白骨两具，人称“死人坑”。

传说仙人携琴西游，见贺兰山风景优美，便沿沟谷寻泉眼至此。一时雅兴大发，在一巨石上抚琴弄弦。又见远山那边飘过一朵彩云，仙人便腾空而起，甩下一根琴弦飘然而去。琴弦落处，变为一条小溪，蜿蜒曲折，绕巨石与清泉汇流，潺潺而下。从此，这块巨石被人们称作古琴台，其下小溪便名为琴溪。坐在琴台上，静心聆听泉水流淌，像是有琴声传过，如丝如缕，其妙无穷。

……

这些在工匠们的刀笔下，成了无穷无尽的创作源泉，也让贺兰砚有了其他砚石不曾拥有的独特光辉。而这正是贺兰砚成名后，走过“惟石能言”的漫漫长路。

05.贺兰山的历史，是贺兰砚温情的永恒力量

在中国古代，许多文人墨客都是以收藏砚台为兴趣爱好，他们觉得一个好砚台能够体现出自己的身份和文学水平。

文房四宝既能代表人们对知识的渴求，也代表一种雅致文化。作为读书人，不管你有没有一方好砚，至少你得有一方砚，平常怎么使用，哪种砚配哪种墨写出来的字更好，等等，这些构成了我国砚文化的初级内涵。如北宋何薳著的《春渚纪闻》里，就记载了读书人一起品砚的故事：

余过嘉禾王悟静处士，坐间有客怀出莲叶研，端石也。青紫色，有二碧眼，活润可爱。形制复甚精妙，正如芳莲脱叶状。其薄如五六重纸，大如掌。磨之索索有声，而墨光可鉴也。

由此可见，砚文化是古代文人交流时的一个重要话题。

同时，砚文化及文房四宝，也是读书人的一个标志，他们正是通过砚文化这种形式来彰显自己的不同，形成只在读书人中间盛行的“圈子文化”——这是我国砚文化的中级层次。

有了初级内涵、中级层次，就会有高级境界。砚文化体现了士大夫追求高雅的情趣导向，也是他们之间独有的一种文化现象，是加深彼此认同的方式。作为读圣贤书的读书人，自然不能像普通人一样喜欢钱，就算是喜欢也不好明着说。砚在文人圈子里不是金银这种俗物，不会有损读书人的身份，所以能体现他们的境界，也是他们的精神后花园。

初级内涵、中级层次和高级境界一起主导了文人对文房四宝尤其是砚的喜爱，好砚也便成了他们梦寐以求的东西，而这也为工匠们提出了更高层次文化素养的要求。怎么满足这一要求呢？除了工匠们自身不断学习与提高，还有当地历史文化资源对于工匠们潜移默化的影响。

贺兰石与宁夏的历史文化紧密联系，共同发展，也深入工匠们的内心，成为贺兰砚文化的一部分，满足了文人对砚石的文化素养要求。

贺兰砚制作技艺是一种艺术审美活动。艺术活动体现了人性的一部分。历史是研究人过往的活动的，在这些活动中有很多是艺术活动，因此，历史和艺术具有非常紧密的联系。

对此，英国批评家罗斯金在讨论历史问题时曾说：既然艺术与历史有着密切的关系，我们自然应该用历史的意识与框架去反观艺术，把握不同时期艺术的基本特征与历史功能。于是，一套历史学的方法就成为研究艺术的基础。艺术是人类历史的重要内容，它既是涉及政治、经济、社会生活以及文化形态的历史的证据，也是历史陈述本身，艺术与文字和其他手段一样，在述说历史并呈现历史。因此，离开历史去讨论艺术是不可思议的。艺术史是基于具体艺术对象，用不同的历史方法给予研究并以文字和图像呈现的文本。

贺兰砚制作技艺的发展过程就是贺兰砚的艺术史。贺兰砚制作技艺工匠们的思想和行为，都不能脱离贺兰山及宁夏这一生存环境，所以，如果想要对贺兰砚制作技艺了解更深入、更透彻的话，就要去了解贺兰砚制作技艺工匠们所处的时代和环境，以及那段历史。

今天，在银川这座城市，抬眼望见，瓦蓝色的贺兰山与瓦蓝色天空坚硬而又柔美地融合为一体。贺兰砚制作技艺工匠们心中萦绕两个传说：一是，古贺兰山有位叫坦依·贺兰的女孩，她流下的眼泪化作清秀莹润的贺兰石；另一个是有个女人昂首向天、双膝跪地在祷告。

那女人的时代距今已近两千年，但关于她的传奇故事流传至今。

《北史》：魏献明皇后贺氏（351—396），鲜卑族，东部大人贺野干（一作贺野于）之女，是北魏开国皇帝拓跋珪的生母。376年，前秦消灭代国，贺氏与道武帝以及旧日臣属避难向北迁徙（逃跑）。不久，高车突然来掠夺，贺氏坐车与道武帝躲避高车向南走（与臣下分开，向反方向行进）。中途，车轴失去销钉，贺氏有些害怕，朝天祷告说："国家的后裔，难道在这里灭绝吗！希望神灵扶助。"随后，顾不了许多，再次赶车奔驰，（没想到）车轮（因为她的祷告）端正而不倾倒，（竟然）行走了一百多里，到七介山南面而得以避免祸难（终于安全了）。

但这并不是贺氏传奇的全部。

《魏书》："初因迁徙，游于云泽，既而寝息，梦日出室内，寤而见光自牖属天，欻然有感。"在那个战乱的年代里，贺氏到处迁徙逃跑，有次途中休息，她梦见太阳从室内升起，一道光芒自窗射向天空。梦醒后，贺氏感到自己肚子里动了动，像是怀孕了。

阳光的赐予，就像贺兰山上的“太阳神”。更为神奇的是，魏昭成帝建国三十四年（371）七月初七夜里，贺氏生拓跋珪时又有一道光芒照耀夜空（生太祖于参合陂北，其夜复有光明）。

母亲、阳光、天空、大地、孩子，在贺氏的世界里构筑了神奇的梦幻空间。这个空间里，贺氏与贺兰山同姓。有了生，有了灵，阳光、天空和大地因为母亲和孩子而充满灵性。贺兰山的历史伴随着一个女人，成了一部向生的历史。

贺兰部，又称贺赖部，中国古代部族，原依附于匈奴，在拓跋部兴起时，与拓跋部有姻亲关系，成为重要贵族。贺兰部之后逐渐汉化，融入汉族中。

贺兰山之名，源自鲜卑贺兰氏人曾居住于此。

鲜卑贺赖部其实是一个匈奴的部族，贺氏的父亲贺野干曾经是这个部落的首领。早年贺野干和匈奴铁弗部刘卫辰、南部大人刘库仁一起守卫代国三面，是代国的中流砥柱之一。宋代历史学家胡三省在《资治通鉴》注疏中说：“兰、赖语转耳。”

当代山西学者殷宪研究确证，贺赖为鲜卑族支破多罗部族名和姓氏。在古代鲜卑族语言中，“贺赖”即为“忠贞”之意。

《元和姓纂》第三十八卷说：“代居元朔，随魏南迁河洛。魏以忠贞为贺兰，因命以氏。”贺赖部族忠实于自己所属的氏族部落，历任酋长，屡次率领部族为拓跋部效忠，并与拓跋部世代姻亲，因此被拓跋部酋首称作“贺赖”，以嘉奖其忠实，该部即以此为部族名称，后以“贺赖”为姓氏，称贺赖氏，汉音注为“贺兰氏”，其部族称为“贺兰部”。

贺兰部后来成南北朝时期以拓跋部为核心的北魏王朝中拓跋氏皇族以下八

大王公贵族之一，世代为拓跋部的姻亲，在权势地位上仅次于丘穆陵氏、步六孤氏，排在第三位。

就这样，贺兰山因为一群人有了一层鲜为人知的意思——忠贞。

贺氏出逃后，好不容易落下了脚，有人却要陷害拓跋珪。得到消息后，贺氏在帐房摆下宴席，请来要陷害拓跋珪之人，将他们灌了个大醉，趁机让拓跋珪离开。第二天一大早，贺氏来到马圈，故意惊动马匹，开始坐在地上大哭："我的儿子呢？我的儿子昨天就在这里，现在怎么没了……一定是你们把他给杀了……他怎么就不见了呢……"

伤心的哭声很快引得人们围观，陷害之人开始在附近寻找拓跋珪，而拓跋珪已经逃往贺氏的娘家——贺赖部。

陷害之人发现上当后，企图杀死贺氏，但贺氏在一位亲戚的家里藏了三天三夜，躲过一劫。儿子就这样被母亲救了下来，后成长如山。后来，拓跋珪在贺赖部深得民心，引起自己的舅舅、贺氏的弟弟贺染干的不满。贺染干带人包围了贺氏的住所，贺氏不慌不忙来到弟弟面前，对他说："你心里还有我这个姐姐吗？你要知道你杀的人是我的儿子，你是他的舅舅！"

贺氏泪如雨下，贺染干有些惭愧地离开了。母亲的眼泪唤起亲情，柔弱战胜强悍，这是爱的力量，也是情的幸运。

今天，在贺兰山的忠贞里，人们都不难看到、想到一座座的山连起了天地，中间充盈着的是人，人的情、人的爱。贺兰山，因贺氏对苍天的祈祷而多出了一份动人的关爱，甚至是壮志豪情。

北魏，是鲜卑族拓跋珪建立的一个政权，也是中国南北朝时期北朝第一个王朝。在这个朝代，北方各族人民改变了原来的游牧生活，学会先进的农业生产技术，成为农民；汉族人民也学到各兄弟民族的畜牧业经验，丰富和提高了生产知识。他们在反抗各族统治者压迫和剥削的斗争中加强了联系和友谊。尤其是北魏孝文帝拓跋宏迁都洛阳，革俗汉化，加速了北方各少数民族封建化的过程，促进了北方民族的大融合，为隋朝的统一中国创造了条件。

晚霞与朝阳握手言和，浮现出来的是新一轮的开始。瓜熟蒂落，不矛盾，也不冲突，融合成了最完美的结局。贺兰山，是一座因为匈奴部落而得名的山，也是一座因为母亲而温情的山。那些手握刀笔的贺兰砚制作工匠们，在这段历史里汲取的营养，让贺兰砚有了温情的永恒力量——人性、爱和温暖。

刘玉飞《胜境贺兰》，2019年6月27日拍摄于宁夏银川市贺兰山下

第二部分：砚赏

塞北江南为贺兰砚造就意境和神韵

塞北江南，初指今宁夏北部黄河河东灌区——灵州地区，即今宁夏吴忠市一带的黄河河东灌区。今泛指宁夏北部黄河平原，包括今宁夏北部吴忠市、银川市、石嘴山市和中卫市引黄灌区一带。塞北江南这片神奇、诗意的土地，为贺兰砚造就了意境和神韵，贺兰砚在百年的雕刻传承中逐步形成了古朴含蓄、气息内敛、气韵生动的独特风格。

01.贺兰山的地理特征，让贺兰砚有了艺术的“总开关”

一方水土养一方人，也能育一方砚。贺兰山的地理构造和文化历史孕育了贺兰砚。地理学家告诉人们，贺兰山是一列山脉，是我国重要的地理分界线和分水岭。文化学者会告诉人们，贺兰山是边塞文化的地标。但是，这些还不足以为贺兰山正名。提到我国西部的名山大川，人们常常歌颂天山、昆仑、喜马拉雅……跟它们比起来，贺兰山实在是“又矮又小”。

然而，一些人可能不知道，就是这一列看起来不大的山脉，却深刻影响了大西北，乃至整个中国的历史地理格局。

贺兰山，一条东北—西南向耸立的山脉，长约200公里，宽约30公里，平均海拔2000~3000米。它挡住了自东南而来的暖湿气流，让西北内陆变成了季风影响不到的地方。听起来，贺兰山似乎做了一件“坏事”。其实，它的众多贡献，被很多人有意无意给忽略了。

从青藏高原流淌而下的黄河，到了甘肃、宁夏交界地带，视野一片坦荡，接下来流向何方？其实，这时候的黄河，面临多种选择，就像曾经站在人生十字路口的我们。

单看地形海拔高度，河流向西流入沙漠的可能性最大，因为东边是耸立的六盘山、吕梁山、太行山，以及沿途黄土高原上的塬、墚、峁。相比向东，选择向西的阻碍要小得多。

贺兰山东侧的银川平原平均海拔在1010~1150米，贺兰山以西的阿拉善高原，平均海拔高度为900~1400米，最低处的海拔只有740米。从地图上看，黄河河道跟沙漠已经接壤，如果不及时施加其他变量，黄河很可能会流向西部沙漠。

但是，就在黄河犹豫不决的时候，贺兰山及时出现了，它出现在沙漠的东部边缘，在黄河面前屹立起来，既像一道高墙，又像一位向导。这就像你在人生迷茫时候，有一位贵人，给了你及时的指导。

贺兰山这个变量，对于中国，对于中华文明来说极其重要。因为耸立的贺兰山的阻挡，黄河向北，然后绕了一个大弯：从黄土高原进入华北平原，成了中华文明的母亲河。

贺兰山高度、长度都不算突出，但它在关键拐点上，改变了母亲河，并让这条长河里成为今天的模样。

没有黄河的北上、东流，也就没有宁夏平原、河套平原的灌溉绿洲，而银川、巴彦淖尔、包头、呼和浩特都位于这些塞外绿洲上。

宁夏人常说，黄河是母亲，贺兰山是父亲。耸立的贺兰山是宁夏平原的“父亲山”。

被贺兰山呵护的宁夏平原，是一个为战争输血的前沿或者基地，谁能得到它，谁就拥有了贺兰山及其以西、以北更为广阔的疆域和生存空间。

宁夏平原被称为“塞北江南”由来已久。同时，贺兰山一带早期是游牧的天堂，这里活跃的游牧部落被称为“西戎”。战国时，秦国西北有狄獂戎、大荔戎等，生活在今宁夏平原一带的被称为义渠戎。

公元前272年，贺兰山地区被秦纳入疆域版图。从此，秦人在这里开垦土地，修渠引水，灌溉庄稼，将农耕文化牢牢植入这片土地。

此时，贺兰山以西更广袤的沙漠戈壁，接纳了溃败的戎人残部。游牧与农耕的冲突、融合，还在继续。秦末汉初，从大漠草原深处而来的匈奴占据贺兰山一带，但后来被卫青率汉军击败。其后不久，汉武帝在贺兰山东麓设立北地郡廉县。

贺兰山下的宁夏平原，很快因为地势平坦，土质较好，有黄河灌溉之利，成了汉朝边疆地区重要农业区和粮食生产基地。

唐初，贺兰山一带被铁勒、突厥等占据，但随着唐朝国力日盛，中原王朝再次控制贺兰山地区。

646年，唐太宗由长安来到贺兰山下的灵州（今宁夏灵武），与远道而来的漠北诸部首领近千人会盟。因为此次会盟，中原和边地民族间的隔阂大大减少，各民族间的广泛互补和血肉融合得到空前增强。

从此，在边疆地区和平安定的局面下，在宁夏平原及整个河套地区，人们有了一个共同的、关于民族的新代称“唐人”。

这一切，都离不开贺兰山的“牵线搭桥”，尽管它默默不语。耸立的它，就像一位身躯坚毅的父亲，在他的守护下，宁夏平原变成了一方农耕的乐园。

贺兰山，不仅是一座耸立的山，也可以是“躺平”的山。为什么呢？因为著名的阿拉善，就是“贺兰山”的另一种音译。“阿拉善”是蒙古语，意为“多彩的土地”。

其实，阿拉善还是古突厥语“贺兰”的音译，意思是古代传说中的怪物“驳船”。依据《山海经》的描述，“驳船”是一种独角兽。

从空中俯瞰贺兰山，它的确像一艘沙海中的舰船，也可以视为一头黝黑的猛兽。

贺兰山——阿拉善，一面耸立，一面躺平，就像一个人把自己分成完全不同的两半！

这也提醒人们，要想认识贺兰山，不能光看山脉本身，还要放到更广阔的视野中。

阿拉善一般指阿拉善盟，总面积27万平方公里，居住着约26万人。同时，这也是一片高原的统称，包括巴丹吉林沙漠、腾格里沙漠、乌兰布和沙漠，延伸至甘肃省的北部、宁夏回族自治区的西部边缘。

河西走廊以北，山脉交叉，形成一个巨大的“V”字区域：东南端是龙首山、合黎山；西北端是马鬃山；中间哈鲁乃山、罕乌拉山、巴彦乌拉山和雅布赖山，它们自东北向西南而来，将阿拉善高原分为东、西两大块。这种插入式分割，产生了巨大影响——阻止了巴丹吉林和腾格里两大沙漠的相连。

贺兰山脉在“V”字形区域的另一边，像一只巨擘插入被称为“红色公牛”的乌兰布和沙漠，让“V”字形区域里的阿拉善，成为我国季风影响范围的西界。

还好，阿拉善北部，获得了河西走廊黑河水源的补给。

发源于祁连山北麓的黑河（古称弱水，上中游称黑河，入额济纳河）由南向北，穿越河西走廊后，分为东、西两条河，向北又分为19条支流，最后汇入居延海，形成3.16万平方公里的额济纳绿洲。

额济纳是汉通西域的交通要道和河西走廊的屏障，不仅有出土居延汉简的居延遗址，还有宏大的黑水古城遗址，也是河西走廊通往漠北的必经之路。

从这个视角下再看额济纳，它就是倒T形的交通枢纽，连接着河西走廊、河套和漠北。当然，在阿拉善“V”字形区域里，蒙古高原游牧部落可沿着额济纳旗、阿拉善右旗、阿拉善左旗一路直扑贺兰山，通过三关口抵达宁夏平原。

这条路因为乌兰布和沙漠、贺兰山的阻挡，公路基本是沿马鬃山、龙首山、合黎山而行。目及之处，基本全是戈壁大漠，一片苍凉。

当地气象部门提供过这样一组数据，在1962—2016 年的54年里，阿拉善盟平均年降水量只有 107.1毫米。风干的戈壁地上，除了偶然出现的细碎玛瑙被当地人捡拾起来，卖给游人，多少可以给人一些心理安慰外，就只剩下大漠中偶然出现的骆驼了。

清康熙二十五年（1686），和硕特部首领和罗里率部来到贺兰山地区，上表朝廷，愿乞归顺。清廷将贺兰山以西的阿拉善地区划为和硕特部牧地，将和硕特部编为阿拉善和硕特旗。1949年9月，阿拉善和硕特旗和平解放，先后隶属宁夏、甘肃、内蒙古管辖。

贺兰山主峰叫敖包疙瘩，海拔3556米，位于省界上，是宁夏与内蒙古的最高峰。这里可俯视宁夏平原和阿拉善高原，它们一右一左，如同贺兰山的两个孩子，一个黝黑憔悴，一个白净丰满。

如果把河西走廊比作祖国伸出的一只巨臂，那么阿拉善“V”字形区域就如同臂下的空阔地带，而贺兰山就像是排肋骨，与阴山山脉（狼山）一起，呵护着宁夏平原、后套平原、前套平原三个“河套”。

古人说，河套安，天下安。不管是边地少数民族政权还是中原王朝，谁得到了这个地方，谁就会在战争的前沿得到补给：因为黄河的存在，这里一直都是亦农亦牧的宝地。

游牧民族得到这里，在栖息休养的同时，能在无险可阻的情况下，直扑向南，对中原王朝形成巨大威胁；农耕民族得到这里，完全可以安家扎根，一手拿锄、一手拿剑，将中原王朝的势力开拓至更西、更北的远方。

这种拉锯的格局中，贺兰山就是中枢，就是心脏，尤其对于整个大西北来说，它是最鲜明的地理坐标。

黄河、沙漠、长城、气候、地理格局、历史走向等，都与贺兰山交织在一起。而周围其他所有的元素的分野，都要看它的脸色——这种作用，就像人体的心脏。这种心脏的关键位置，可以视为整个大西北的地理总枢纽。

壮哉，伟大的贺兰山！人文的精神就这样被地理造就，就像贺兰山对于整个大西北来说是最鲜明的地理坐标、综合地理的枢纽一样，不管是贺兰石还是贺兰砚制作技艺，其成为艺术的总开关都在贺兰山。

02.贺兰山：爱国主义是贺兰砚贯穿始终的创作主题

艺术作品思想的深刻性来自对历史真实的深刻把握，对爱国主义精神的深度挖掘，对推动中华民族不断前行的杰出人物及其伟大事迹的充分尊重。这也是艺术作品弘扬爱国主义精神应当持有的基本态度。在中华文化数千年发展历程中，家国一体的观念一直深深刻印在中华民族的骨子里。

如果说哪种精神品质对中华民族影响最为深远，那一定是爱国主义。家是最小国，国是千万家，国盛则家兴，国破则家亡。爱国主义不仅是中华民族的重要精神特质，而且始终是把中华民族坚强团结在一起的精神力量。在璀璨夺目的文艺作品中，爱国主义精神也一直是众多作家、艺术家毕生追求的创作主题。

贺兰山是一座充满了爱国主义精神的山。宋人岳飞有词："驾长车，踏破贺兰山缺。"在这里，贺兰山是中原王朝梦想中一个进攻的方向，只要踏过这里，就可以使西北边疆得到安宁。贺兰山也是一座“军山”，几乎在每个王朝都与战争相伴。军人的思想浇铸了贺兰山的爱国主义情怀，也让贺兰砚制作技艺的工匠们找到了创作的精神和力量，使贺兰砚在名砚当中与众不同起来。

笔架山是贺兰山前的一座险峰，距银川市30公里。由突兀陡峭的笔架山出发，沿着崎岖的山路向西攀登，穿过浓密丛林，翻过层峦叠嶂，经过三四个小时的艰苦跋涉，可到达海拔2600余米的小口子沟沟源。从这儿举目西望，可见一条岩层，宛如紫色的彩云。这就是现今贺兰石的故乡。如果正值采石季节，还可以看到那隐现于云雾山中、险崖之上勇敢顽强的采石工人。唐朝诗人李贺所描绘的“端州石工巧如神，踏天磨刀割紫云”的动人画面，仿佛重现眼前。

据考证，贺兰石已三易采地。清乾隆年间在笔架山前沟开采；清末在后沟找到了优异石层，今天还可以在这里见到旧时采石硐的遗迹；现今则移到贺兰山山脊处的小口子沟沟源，这里石质更优，蕴量丰富。

小口子也叫滚钟口，古为贺兰山胜境之一，现是宁夏最著名的避暑、游览胜地。此山口三面环山，山口面东敞开，形似大钟。在景区中央有一座小山，又像是钟内悬挂着的钟锤，人称“钟铃山”，“滚钟口”由此得名。和众多的山口一样，滚钟口亦为当年战斗的山口、关口。

公元前272年，义渠戎被秦军彻底击溃，随后淡出历史舞台，大部分人融入中原民族。贺兰山地区从此被秦帝国纳入版图。秦末汉初，匈奴人自阴山以北而来，然公元前127年，汉朝著名战将卫青率军北上抗击匈奴，再一次将中原汉族政权的军事力量延伸到贺兰山地区。

646年，唐太宗与漠北诸部落首领近千人会盟，贺兰山不仅见证了唐太宗被少数民族当成自己爱戴的可汗，也见证了因为此次会盟，中原汉族和边地少数民族间的隔阂大大减少，中华各民族间的广泛互补和血肉融合得到增强，进而实现了多民族共同发展进步的宏大局面。

宋时，西夏与辽的战事，也没能完全离开贺兰山。如：1043年，辽、夏河曲之战，李元昊每次撤退贺兰山时，都将方圆数十里田园山林放火烧尽，使辽军所到之处兵马无食。1049年，辽兴宗耶律宗真为报河曲失败之仇，兵分三路攻夏。据清吴广成编撰的《西夏书事》等籍记载，西夏在鼎盛的李元昊时期，拥有50多万兵力，其中，驻守在贺兰山一带的有5万人，占十分之一，足见贺兰山的重要。

明朝建立后，宁夏成为当时的九边重镇之一，贺兰山是明朝政府在西北地区和蒙古残余势力中的瓦剌、鞑靼之间的界山。贺兰山上的明长城见证了鞑靼和明朝军队持续180多年的军事纷争。明朝政府在宁夏北部大规模修筑长城，并在宁夏建立了总镇、卫、千户所、屯堡等一套完整严密的军事防御系统。

《明太祖实录》中说，永乐二年（1404）八月，明成祖命宁夏总兵何福："宁夏多屯所，虏卒至恐各屯先受掠，故可在四五屯内择一屯有水草者，四周浚濠，广丈五尺，深则广之半；筑土城约高二丈，开八门以便出入，旁近周围四五屯辎重粮草皆于此。无警则居本屯耕牧，有警则驱牛羊从八门入土城固守，以待援兵，则寇无所掠。"

一屯约一百户人，是屯军的一种组织单位。意思很明白，在四五百户人的地盘上，找一个有水草的地方，修上土城（堡子），把粮草辎重都放在堡子里。没事时，大家各种各的地、各放各的羊；一旦有事，把大家都集中在堡子固守，等待援兵，让贼寇抢不到东西。这实际上也是一个坚壁清野的政策。

随后，明成祖派朝廷官员来检查这项政策的落实情况，强调"每小屯五七所，或四五所，择近便地筑一大堡，环以土城，高七八尺或一二丈，城八门；围以壕堑，阔一丈或四五尺，深与阔等，集各屯粮刍于内。其小屯则日引粮食，有警则人畜尽入大堡，并力固守”。

这种“标准化”的建筑使“堡”作为“屯”之上的一个军事单位，在今天的宁夏大地上留下了一串串带“堡”的地名，成为地方文化的一项遗产。

清朝，康熙三征噶尔丹取得胜利，贺兰山以东随着清朝疆域的扩大，不再有战事，贺兰山以西随着蒙古额鲁特、和硕特等部的屯牧，进入了和平的态势。如今，贺兰山中著名的贺兰口、苏峪口、三关口、拜寺口等依然是响亮的存在，自古以来，它们不仅是东西交通要道，在烽火的岁月里，也曾改变了历史的走向和进程，为人们留下了爱国主义的根脉和财富。

与笔架山相关的具体历史事件是：公元1041年，李元昊领兵进攻渭州（今甘肃平凉市），和宋军主力在张家堡相遇。李元昊了解宋军将领任福求胜心切，设下了引蛇出洞之计——先派小股部队出击，遇任福大军略作抵抗便丢弃战马、骆驼和辎重佯作败逃，诱敌追赶。任福不知是计，率兵全力追击到六盘山下的好水川。

好水川，在今宁夏隆德县城北15里处，两边山谷环抱，只有一条小路可以通行，正是兵家设伏之处。这时元昊领10万精兵埋伏在好水川口，并令人将数百只鸽子分装在一些泥盒中，摆在道路两旁。宋军进入好水川口后，发现路上摆着不少封闭的泥盒子，用手一拍，里面发出奇怪的响动声，感到十分疑惑，随即好奇地将盒子打开，带哨的鸽子受惊腾起，直飞谷顶，盘旋在宋军的上空。

严阵以待的夏军见鸽子飞起，伏兵四起，根据鸽子在天上盘旋的位置从四面将宋军团团包围，前后夹击。宋军经过三天三夜的急行军早已是人困马乏，突遭袭击更是不知所措，在以逸待劳、准备充分的西夏铁骑面前毫无还手之力。战斗从早晨进行到傍晚，宋军寡不敌众，死伤惨重，任福等15名大将和士兵1万余人阵亡，受伤、溃散的更是不计其数。战败的消息传到宋朝廷后，宋仁宗和满朝文武大臣都惊恐万状，面面相觑。

然而，当战争的烽烟过后，人们并没有记住西夏，而是记住了范仲淹的“先天下之忧而忧，后天下之乐而乐”的千古绝句。

历史从来就不是一个孤立现象，它像湖面的倒影，能让人们看到事物的另一面。如同贺兰砚一样，虽然各砚形象并不一样，但爱国主义内核却是完全相同的。

说到贺兰砚就不能不说闫家砚。闫家砚至今已传承130多年，历经了五代人。民国年间，银川著名绅士白贡甫非常喜欢砚台，就在银川南门二道巷设立制砚作坊，邀请闫万庆担任作坊的领工。闫万庆两兄弟这段时间没有了生计上的忧虑，把所有的精力全部放在刻砚上，所以砚台刻得特别好，逐渐在银川闯开了名头，并自成体系。他们的作品被老银川人称为“闫家砚”。

张云庭被尊为“闫家砚”的第一代创始人，闫万庆将贺兰砚雕刻的手艺传给了他的三个儿子闫子江、闫子洋、闫子海，“闫家砚”在他们手里继续发扬光大。1960年，闫子江、闫子洋受宁夏政府派遣，到北京人民大会堂参加宁夏厅建设。当年，他们到贺兰山上采石，做好粗坯，把石料运往北京，在德胜门外找了个地方开始雕刻创作，用了整整3年时间，雕刻了大型挂屏毛主席手书《清平乐·六盘山》《红军长征过六盘》等一批贺兰石雕工艺品，使“闫家砚”的名气广为流传。同时，“闫家砚”的第三代传人中涌现出了数位雕刻大师，如施克俭。1997年，宁夏回族自治区送给香港特别行政区的礼品，就是施克俭雕刻的贺兰石砚“牧归”。

这就是爱国主义在贺兰砚中的具体体现，也是贺兰砚制作技艺贯穿始终的创作主题，因为它的存在，贺兰砚制作技艺才有了永恒的生命力。

03.贺兰石的产地是人文荟萃之地，雄浑并秀丽

今天，人们这样总结贺兰砚的独特风格：因材施艺，含蓄典雅，造型古朴，讲究意境；既显塞北粗犷豪放的风格，又具江南细腻灵巧的神韵。而这在很大程度上都是宁夏这片土地上人文地理的赐予。

先说塞北江南。

唐朝诗人韦蟾的《送卢潘尚书之灵武》有云："贺兰山下果园成，塞北江南旧有名。"但最早提出灵州为"塞北江南"的人是隋郎茂。

最早记载"塞北江南"来历的著作，应该是7世纪初隋朝郎茂的《州郡图经》，但此书已经失传，这部分内容见北宋李昉等编纂的《太平御览》一书。

《太平御览》卷一百六十四 《州郡部十 · 关西道 · 灵州》记载："灵州（今宁夏吴忠市古城），（隋郎茂）《图经》曰：周宣政二年（应为周宣政元年，578

年）破陈将吴明彻，迁其人于灵州。”

古灵州城，西汉惠帝四年（前191）置县，故址在今宁夏吴忠市古城。今灵武市之城是明代灵州三迁以后，始建于明宣德三年（1428）的灵州“新城”。今吴忠与灵武，究其根源，同属于一个古灵州。

郎茂《图经》一书接着又指出：“其江左之人，崇礼好学，习俗相化，因谓之‘塞北江南’。”

这就是灵州被称为“塞北江南”最早的由来。

与塞北江南来历巧合的是，前文说过，张云庭被尊为贺兰砚“闫家砚”的第一代创始人，他就是南方人。他用一口绵软的南方话教会他的两个继子雕刻砚台，他们又将这份手艺运用到紫绿相间的贺兰石上，于是有了今天传承而来“闫家砚”以及贺兰砚的独特风格。这就是说，不管做什么事，光有地理的造就还不够，还需要人文的输入，塞北江南因为隋朝移民人文的输入而名符其实，贺兰砚也因此多了一份灵动的秀丽。

最早诗赞灵州“塞北江南”的诗人是韦蟾。

隋唐时期今宁夏黄河河东地区各方面进一步发展，灵州成为今宁夏北部军事、政治、经济、文化中心，成为朔方节度使治所。

卢潘是咸通十年（869）到灵州出任灵武节度使的，因此，韦蟾的送别诗《送卢潘尚书之灵武》，也应该是写于咸通十年（869）。

贺兰山下果园成，塞北江南旧有名。

水木万家朱户暗，弓刀千队铁衣鸣。

心源落落堪为将，胆气堂堂合用兵。

却使六番诸子弟，马前不信是书生。

卢潘曾任检校尚书礼部员外郎，所以韦蟾称卢潘尚书。“之灵武”，此处的灵武指灵武郡，即灵州。隋唐时期灵州曾经称为灵武郡，简称灵武，所以诗中称灵州为灵武，与黄河北的汉灵武县不是一回事，也不是指今天的灵武。今天的灵武是明朝三迁以后的灵州，到1913年才改灵州为灵武县的。“之”是去的意思，之灵武，就是去灵武去灵州，去灵州干什么？出任灵武节度使，就是朔方节度使。

诗的开头：“贺兰山下果园成，塞北江南旧有名。”灵武即灵州，是一个什么地方呢？这是贺兰山下一座果园之城，该城是塞北江南，早就很有名气了。早在大夏赫连勃勃时期，灵州地区就是赫连勃勃的果园城。而早在隋朝郎茂记载的北周时期，灵州就已经有“塞北江南”的美名了。

“水木万家朱户暗”一句，进一步说明灵州为什么是果园城。“弓刀千队铁衣鸣”则描述灵州是塞北军事重镇。接下来诗句赞颂卢潘是一位出色的军事家、文武兼备的灵州镇将。卢潘曾任朝议郎剑南西川等镇节度使、检校尚书、礼部员外郎、兼侍御史、上柱国、赐绯鱼袋。咸通十年（869）出任灵武节度使。“历数镇”，“薨于灵武”。

隋唐以后，塞北江南进一步扩展，灵州（今吴忠市）以北今宁夏北部银川市、石嘴山市辖区和灵州（今吴忠市）以南今中卫市辖区，进一步兴建渠道，发展引黄灌溉，整个今宁夏北部黄河平原引黄灌区，均成为“塞北江南”，故今人习惯称宁夏北部引黄灌区为“塞北江南”。

贺兰石产地笔架山，即滚钟口，亦是人文荟萃之地。

西夏主李元昊曾于滚钟口山沟北部建造了一处规模宏大的避暑宫苑。现在在这片参差错落的20多处建筑遗址上，散落的砖、瓦、器物残片遗物俯拾即是。明清时，这里也大兴土木，建造庙宇、楼阁，修建了贺兰庙、老君堂、大悲阁、斗母宫、小洞天、关帝庙、兴隆寺、晚翠阁、观音庙等14处庙庵台阁，这些建筑依山临险，随势自然，错落有致。山内的三座山峰之上，还建有三座造型优美、小巧别致的白色喇嘛式塔。始建于清朝光绪十八年（1892）的贺兰庙，坐落在半山之上，分为上中下三层台院，三座殿宇连成一体。主殿泥塑彩像，两侧绘有滚钟口全景图和贺兰庙全景图，殿宇雕梁画栋，蔚为壮观。

小滚钟口经过历代修葺建设，成为一处著名的风景游览胜地。春夏之际，小滚钟口内满谷高杉，一片葱绿。来到景区入口，首先映入眼帘的是几棵苍劲葱茏的古槐和勃勃生机的长青松柏。进入景区，漫步于山道上，只见满山遍谷的洋槐、翠柏、白杨绿荫遮盖沟坡，郁郁葱葱。沟间坡地的山果树上挂满了晶莹欲滴的红山果和红酸枣。山涧里一缕清泉涓涓流淌。山中绿树、红花争相辉映，绚丽多彩。

来到滚钟口南侧的笔架山，若拾级而上，登临山巅“望海亭”，可凭高四览，向西远眺，但见峰峦起伏，势若奔浪；极目东望，又见千里平畴，像风平浪静的海洋，天地相间处，云烟浩渺浑然融为一体。

在这里还可观赏到“日出笔架”“月光别钟铃”“石嶂穿白云”等自然景观。如逢朝晖夕映，又可观赏到“贺兰佛光”之景，堪与“峨眉宝光”争妍。6月暑日，在景区西边沟尽头的青羊溜山巅上，蓝天晴空，白雪盖顶，这就是古宁夏八景之首的“贺兰晴雪”。

在滚钟口北部一条宽窄变异、蜿蜒曲折的深沟内，多有寺庙遗址，故称“大寺沟”。沟内树木苍翠，泉水清澈，怪石林立，“狮吼”“卧虎”“顽猴”“仙人指路”“青羊跳涧”等奇石，神态各异，令人叹为观止。顺沟向西而下，有巨石立于沟间，上刻“西爽亭”三个大字，这里山势开阔，泉水叮咚，绿草如茵，是最舒坦幽静的休息之地。

滚钟口山美、树美、水美。正如明代诗人王逊的诗所赞：

贺兰西望矗长空，天界华夷势更雄。

岩际云开青益显，峰头寒重白难融。

清光绚玉冲虚白，秀色拖岚映夕红。

胜概朔方真第一，徘徊把酒兴无穷。

今天的人们都可以把“塞北江南”理解为贺兰砚的“身世”，正因为如此，那山、那树、那水也便成了贺兰砚制作技艺工匠们念念不忘的创作题材和追求的永恒境界，这让贺兰砚不仅仅是砚，更是人文、是地理、是塞北江南及其历史。一方砚因塞北江南而产的同时，也轻轻地叩开了塞北江南之门，让更多的人知道了这里的雄浑大气与灵动秀丽。

04.贺兰砚里有宁夏人诗意的生活

从贺兰石雕刻成贺兰砚，要经过八道工序。匠人们面对一块贺兰石石料，观其质，量其彩，反复构思推敲，方才下刀。先顺理走刀，粗凿重刻，根据所绘纹样或浮或镂，敲出轮廓层理，然后再精雕细琢，刀毕功就，砚成方休。一方佳砚，匠人们往往要呕心沥血数月，甚至年余。

八道工序分别为：相石、修坯、清底、凿形、精雕、打磨、题刻、覆蜡。具体制作方法可以归纳为五个步骤：一是选材，也就是看所选石材是否适合制作砚台。二是设计，就是看石材的花纹走向，根据花纹走向选择样式，然后进行设计、绘图。三是下料，按照绘图开始下料，进行雕刻，在雕刻过程中根据石料质地决定所选用的雕刻表现手法（主要有圆雕、高浮雕、低浮雕）。四是动刀，动刀时要根据所设计好的图案选择所需刀具，用刀的手法主要有点、线、面、刮、铲、凿、切。铲又分大铲、小铲。五是打磨，打磨主要是处理掉刀痕等，使所制砚台呈现出石材的自然光洁度。

贺兰砚表现出了工匠们制砚技艺和技能的高超水平，作品不但具有很浓的中国传统雕刻艺术表现形式，同时还具有传统的中华民族艺术特色。然而，艺术的道路充满不被人知的复杂与苦闷，在雕砚过程中，工匠们往往一坐就是一整天，甚至好几天。身依案，刀对石，心脱缰，把灵魂交付给原石。他们的砚品自觉融入宁夏风土人情，将松梅竹荷、砚田书谱、唐诗宋词、山水国画、祥鸟瑞兽等中华传统文化元素，赋以独特又超拔的想象。同时，借烘托与象征的手法，利用砚石的质地、自身结构、形状、石品花纹等特点，先审曲面势，而以石构图，再因材施艺，擅依色取巧，显自然神韵，巧妙运用通雕、深雕、镂空、多层浮雕、线刻等雕刻技法，缀饰祥云、天眼、银星、玉纹、金带，追求自然之上的“新”“奇”“美”，将题材表现得活灵活现、栩栩如生，实现了在写实创作中独辟意境，善运俏色，一砚一品，精美绝伦。

这一切的背后，总呈现着银川这座城市的影子，也是对“望得见贺兰山，看得见黄河水，记得住丝路乡愁”的银川城市的生动诠释——如果你初到银川，贺兰晴雪、长河落石的盛景会让你眼前一亮；如果你常来银川，这里既有现代化的生活气息，又有诗和远方的意境；如果你住在银川，互联网+时代的智慧生活，会让你感叹她的勃勃生机……贺兰砚因为银川城市的人文底蕴而具备了强大的生命力。

中央广播电视总台《中国经济生活大调查》发布2018—2019年度美好生活指数最高的10个省会（首府）城市和直辖市榜单，丝路明珠——银川入选全国十大“全国美好生活城市”。满满的幸福背后，都是水对银川的滋润和厚爱。

最早的银川在陕北而不是现在的银川。“银川”作为古地名，最早见于《新唐书·地理志》：“银州银川郡。”《读史方舆纪要》载，宋崇宁四年（1105），“仍置银州，五年废为银川城，金为银川寨。寻废”。这个地方就在今陕西省横山县党岔镇北庄村，有着范仲淹“将军白发征夫泪”的历史故事。

对于今天银川较为客观的说法是，宁夏地方文献上出现“银川”一词，约在明末清初。但那时的“银川”还没有明确的地名意义，只是一些官吏、文人在咏唱宁夏平原沟渠交织如网、湖泊珠连其间的秀美景色时，用“银川”形容其水光潋滟、水映晴光的水乡风光。如：“俯凭驼铃临河套，遥带银川挹贺兰”“连山似奔浪，黄河一带宽。城郭渺如舫，银川亦寥廓”“或是天吴聊小试，暂移鳅穴到银川”等。

因为银川城外河渠成网，湖沼湿地连片，抬眼望去到处银光粼粼，有水天一色的气派。同时，由于黄河两岸地势平坦，地下水位较高、排水不畅，土地盐渍化较为严重，多为白色盐碱地带。这就有了1936年5月，著名记者范长江在宁夏采访时的说法：“宁夏土质，碱性最重，地面常呈白色，故宁夏古名银川。”虽说，有研究者认为这是望文生义，存在牵强附会的嫌疑，但其毕竟道出了宁夏的地理特征，而研究者也拿不出推翻银川因黄河及沿岸平原灌区为“银色河川”得名的更多证据。

清雍正年间，“银川”一词，逐渐有了指代地域的地名含义。如《惠农渠碑记》上有“黄河发源于昆仑，历积石，经银川，由石嘴山而北……”的记载，碑文上的银川，已泛指银川平原引黄河灌区了。

清乾隆年间，宁夏知府赵本植在府城（今银川城区）创立“银川书院”，又有汪绎辰纂修《银川小志》。“银川”一词的指代范围趋于具体、明确，已初具地名意义，并逐渐成为宁夏府城的代称。1944年，宁夏省城（今银川城区址）改为建制市，正式定名为“银川”。这就是今银川作为地名的来龙去脉，也是被人们熟知和认可的，但这并不是最早的银川。

公元1081年，宋将种鄂攻取西夏银（今陕西米脂西北）、夏（今内蒙古乌审旗南白城子)、宥（今陕西靖边西北的内蒙古境）三州，欲进而夺取整个横山地区，进逼西夏都城兴庆府（今宁夏银川），因此，他想在横山修筑城墙，留兵防守。朝廷将探察筑城这件事交给了徐禧。徐禧建议，在银州东南二十五里险要之地构筑永乐城，他认为银州虽然占据明堂川、无定河的交汇之处，但旧城东南已为河水所吞没，其西北边又被天堑阻隔，实在不如永乐的形势险厄。意思很明显，他要弃银州移守永乐城。

关于永乐城，由于古史记叙简略，再加年代久远，地名沿革变迁，众说纷纭，莫衷一是，一说在榆林的马湖峪村山上，一说在上盐湾。按《宋史》记载，其“筑砦堡各六。砦之大者周九百步，小者五百步，堡之大者二百步，小者百步，用工二十三万”。西夏军队听到宋军筑城的消息后，多次前来阻挠，但均被击退。宋军大约花了四十天的时间筑成永乐城，消息传入京城，宋神宗十分高兴，便赐永乐城名为银川寨。

这就是说，永乐城还有另外一个名字，即银川寨（砦)。随后，宋军迁银州于此。但是这个地方很快便被西夏攻陷，宋军兵败永乐城，官兵死伤一万多人，宋朝灭掉西夏的梦想已成泡影。1105年，宋军收复银州；1106年，废银州为银川城。

今天，银州城遗址位于榆林市横山区党岔镇，居无定河中游和毛乌素沙漠与黄土高原的分界线上，城依山面水，半山半川。分上、下两部分。上古城为小山岗，下古城是一片河旁冲积的平地，城墙用夯土版筑，夯层清晰，残高6~8米，厚9~10米，周长1583.3米。这些分明还在向人们讲述着那段由银州至银川的沧桑历史。

至于银州为什么被称作银州，有一类说法是，银州以产良马而得名。前秦时这里称骢马城，曾有人在这里放牧骢马（黑白毛相杂的马)，而马在少数民族语里叫“乞银”，银州因此而得名。

这便是历史上两个“银川”，一前一后的真实存在。两者之间是否有关联呢？“播迁论”称：“银川”地名之所以能从他地播迁到宁夏安家落户，与在宁夏建立西夏国的党项族有着密切的关系。西夏国的统治阶级来自雪域高原的川藏青甘地区，祖祖辈辈都敬畏着雪山并崇尚白色，所以西夏国实际上被他们称为“白高国”或“白上国”。“银”与“白”往往紧紧相连，称为“银白色”。白银与黄金一样，是高贵和富有的象征。所以，早在他们的祖居地就有“银川”的地名出现。

很显然，对于两个“银川”，雪山与大地“银白色”虽为一色，却有着时空上的差异，很难连成一体。就像范仲淹“秋霜满地，亦是银川一片”，地名里盛载着的不仅是历史，更有情感和故事。

水是银川的魂，园是银川的脉，银川就是在山水园林里具备了城市的魂魄与脉络的。在中国西部，能以湖泊而著名的城市非银川莫属。贺兰山下的银川，想象中应该是一座地处西北的干燥之城，可是每一位到过那里的人都会为银川平原那一片片迷人的湖泊湿地和悠闲的水乡风光所打动。

治水者治城。当水的韵律融入城的风景，城便活了。湖城银川因为水而生动、美丽，而这水的背后一定也有贺兰砚制作技艺工匠们对于这座城市的记忆。由此，一方砚台就像一部民间或官方的史书，在潋滟的波光里任轻风随意翻阅，温暖且透明。贺兰砚就这样找到了一个美好的“词根”——银川，让自己拥有了强大持久的文化生命力之背景。

已经奄奄一息的贺兰石刻，随着银川古城的解放，重见光明。经过推陈出新，不仅雕刻内容和形式有了新的飞跃，而且技艺也日益纯熟，展示出了相当高的艺术造诣。近几年来，贺兰石刻推陈出新，雕刻内容和形式有了新的飞跃，无论是“太白醉酒”“赤壁怀古”“松鹤延年”，还是“北斗七星”“飞天乐伎”“丹凤朝阳”……都栩栩如生，巧夺天工，显示了相当高的艺术造诣。以贺兰石雕制的大幅竖屏，陈列于北京人民大会堂中，成为贺兰石雕艺术的极高荣誉。同时，贺兰石工艺制品，作为中国人民的友谊使者，博得了东南亚各国人民的欢迎。

与全国其他名砚相比，贺兰砚具有立体感强、生动粗犷的特点。如在银川市新华西街“逸神馆”陈设的砚台，就给人视觉一新的感受。该店贺兰砚采用清秀、细腻的浅浮雕技法，画面突出意境和情趣。如一砚名为“松下论道”，画里的三位古代文人在一棵古松下或坐或卧，一边品茶一边谈论，其间透着令人向往的闲适、淡泊之气；一砚名为“二牛戏水”，画以墨池为荷塘，其间只露出两头水牛弯弯的牛角和脊背……这些典雅、富有文化韵味的砚台，显然更富有欣赏价值。

铺满砚石的道路需要刀笔，划直或者划弯，深藏于贺兰砚制作技艺工匠们心头的文化生生不息，鲜活地体现为砚上的文字或者绘画的手写刀刻体。当砚石以更完全的姿态走得更远，很多人的生命价值也便闪烁在了刀刻的光芒中。

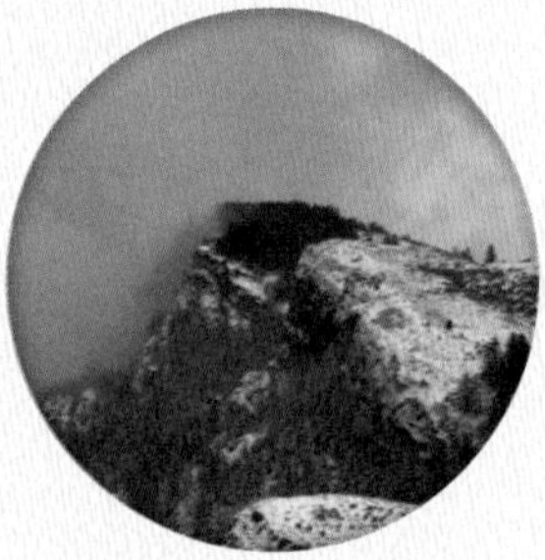

第三部分：砚访

工匠大师们守住了贺兰山的一脉石气

如何突破传统雕刻风格，拓宽表现题材，让贺兰砚更富诗情画意，更具新意美感，这对促进贺兰砚的发展和宁夏旅游业的发展意义重大。贺兰砚雕刻技术人员必须增强危机意识，积极创新更好的表现技法，善于从中国的历史文化、古典文学、唐诗宋词中寻找新题材。另外，政府部门应重视对贺兰砚整个行业雕刻人才的培养，培养一批精于绘画与雕刻，兼具美学和文学等综合素养的新型人才。今天，人们欣喜地看到，宁夏贺兰砚的守望者，依然苦苦地守护着贺兰山下的这一脉石气，让作为宁夏“五宝”之一的贺兰石，成为宁夏地方名优传统工艺品。他们创作出了不少好的贺兰石作品，在弘扬祖国传统文化的同时，也提升了宁夏形象，丰富了旅游纪念品市场。

01.闫森林：贺兰砚制作技艺代表性传承人

刮骨疗毒

规格：26厘米×19厘米×5厘米

简介：此砚为贺兰砚中的带盖砚，所用石料为20世纪90年代后山老坑贺兰石。砚盖为紫绿3层贺兰石，图案为关云长刮骨疗毒故事中的场景，表现出关云长的英雄气概。

鸣春

规格：19.5厘米 × 12厘米 × 5厘米

简介：根据该原料两种色彩多层叠加的特点，利用俏色雕刻的手法，以深紫衬托豆绿，俏出喜鹊黑白相间的色彩，展现孔雀头冠、尾羽的绚丽色彩。丹顶鹤的冠、尾利用深紫色展示，非常贴切生动。图案部分占了整方砚台的三分之一，美观又实用，是不可多得的优质贺兰砚。

闫森林，男，1952年出生，砚台制作技艺（贺兰砚制作技艺）代表性传承人。

1973年，跟随父亲学习祖传的贺兰砚制作技艺，多年来坚持自学美术、书法、篆刻、雕塑，学习了中国工艺美术史、中国美术史等艺术理论，不断提高自身艺术修养、艺术理论。1989年，在任职单位银川市贺兰山滚钟口管理所收徒弟1名，有经常性指导学生4名。2007年4月，被自治区人民政府授予一级工艺美术大师称号。从艺以年来，不断探索技艺的发展和传承，在传统的师父带徒弟的传承方式外，又开辟了技艺传承进高校的传承方式，拓宽了传承渠道。积极参加各级非遗保护中心和地方政府组织的各种技艺展示活动。2009年3月，塞舌尔共和国驻华大使到宁夏考察期间，为大使介绍贺兰砚制作技艺的历史和文化。2010年6月，受宁夏艺术学校邀请，为美术系师生做“贺兰砚制作技艺历史文化”讲座。2010年9月，参加上海世博会宁夏文化周非遗展演活动。2011年，与宁夏职业技术教育学院合作，受聘为客座教授，为工艺美术系讲授贺兰砚制作技艺。使非遗传承进入高校。2013年、2014年先后在社会公开收徒10名，传授贺兰砚制作技艺。

闫森林获奖无数。2006年12月，获第五届中国工艺美术大师评审工作领导小组批准，授予闫森林“全国工艺美术创作优秀奖”。2007年4月,《葫芦砚》获第一届宁夏工艺美术大师作品评选优秀奖。2010年6月，代表宁夏参加第一届中国农民艺术节非遗展示活动，并获非遗项目优秀奖。

闫森林从1973年进入银川市贺兰石雕刻厂，跟随父亲闫子江（贺兰砚雕刻家、闫家砚第三代传人）学习贺兰砚制作技艺，至今从艺50余年，是闫家砚第四代传承人。2010年被宁夏文化厅认定为贺兰砚制作技艺自治区级非遗传承人，2012年被文化部命名为国家级非物质文化遗产贺兰砚制作技艺国家级代表性传承人。

闫森林现任中国文房四宝协会副会长、中国民协砚文化委员会顾问、宁夏工艺美术协会副会长、山东省青州市文化顾问、宁夏砚文化研究会副会长、宁夏艺术职业学院兼职教授和艺术顾问、宁夏职业技术学院客座教授。

闫森林继承了“闫家砚”的传统工艺和设计风格，主要以相石俏色、因材施艺、精雕细刻、打磨精细、题材广泛为根本，充分利用原料自身的色彩分布、自然形状、大小薄厚，进行设计制作，达到图案与色彩形状相互衬托的艺术效果。其代表作品《葫芦砚》《李白观瀑图》《雄风贺兰砚》等，既清新典雅又苍劲古朴，砚形流畅、构思巧妙、纹理细腻、圆润出彩，极富观赏性和艺术性，展现了贺兰砚的地域特色。

闫森林说：“贺兰砚是老祖宗留下来的宝贝，也是宁夏独有的文化符号，不能在我们这一代失传。”他每拿到一块贺兰砚石，都会精心构想，然后再精雕细琢。他说：“一方贺兰砚，传承百年人，从砚石变成艺术品，才能提升其非遗收藏价值。”

为了让更多的年轻人接受并记住贺兰砚，闫森林在创作主题上，以宁夏本土文化为支撑，赋予贺兰砚更多时代特征。在闫森林的工作室中，有不少融入时代元素的作品。例如，有一方砚台雕刻着沙漠和骆驼，讲述的是“一带一路”的故事。

从青葱岁月到满头银发，闫森林将自己一辈子的心血都浇筑在了贺兰砚的制作、传承、弘扬上。他说：“制作贺兰砚，就是一种坚持。我们国家现在讲究工匠精神，什么叫工匠精神？工匠精神就是把一件事做好、做到极致。像我们应该是一辈子就做了一件事——闫家砚，到今天为止我们做了四辈子，130年就做了这一件事。直到今天我做每一件作品的时候，都是在认真地去做。艺无止境，就是活到老、学到老。”

古稀之年的闫森林用自己的行动向人们诠释了什么叫工匠精神。

鞠三躬，敬茶，2013年6月6日，宁夏9位贺兰砚技师正式拜闫森林、石飚为师。他们成为国家级非遗项目闫家砚的第五代传人。收徒意味着闫家砚的技艺能继续薪火相传。作为闫家砚的第四代代表性传承人，闫森林喜上眉梢。他说：“我只想起抛砖引玉的作用，让更多的非遗项目传承人收徒，让咱们的传统技艺能传承下去。”

贺兰石的辉煌和贺兰砚是连在一起的，而宁夏贺兰砚的发展是和跨越百年的闫家砚分不开的。闫家砚传到第三代时，贺兰砚的辉煌达到了极致。然而，第四代传承人闫森林却一度为这门手艺的传承而担忧。贺兰砚的雕刻技艺入门容易，掌握精湛的手艺却很难，短时间内很难有经济效益。可以说，从事这行就必须耐得住寂寞。因此，受过专业美术教育的城市青年一般不愿学此手艺。闫森林不愿意看到学生因为承受不了收入低和学习周期长而半途而废。

然而，闫家砚的命运很快有了逆转。随着国家对非遗项目及传承人有了政策方面的支持。像石飚这样的闫家砚传人可以免费去高等美术院校深造。而贺兰砚也早已不再是当年只具有使用功能的文房四宝。随着宁夏经济的发展，越来越多的宁夏人喜欢收藏文化古玩，贺兰砚受到藏友的青睐。

“变身收藏品的闫家砚身价也在上涨，就连一般砚工的工资收入也颇丰。”宁夏工艺美术师林庆华说。通过当天的拜师，他成为闫家砚的第五代传承人。和他一块拜师的师兄弟最大的有“60后”，年纪最小的是位“80后”。他说：“收入高直接带来的效应就是学习闫家砚技艺的年轻人多了。”现在，林庆华手下也有不少年轻徒弟，年纪最小的25岁。他们应该算是闫家砚的第六代传人。

看到闫家砚后继有人，闫森林备感欣慰，他说：“希望闫家砚能走进高校课堂，也能让大学生们掌握一门技艺，为他们今后就业创业奠定基础。”

02.郝延强：刻刀延伸文明，让每一方砚台独具神韵

雨露荷美

规格： 22厘米 × 15厘米 × 5厘米

简介： 文房清供9件由雨露砚台、荷花镇尺（一对）、残荷笔筒、青荷笔洗、莲藕笔舔、荷叶滴水、藕叶印章、枯莲镇子组成。件件温润饱满，精秀隽永，悦目称手。

如意砚

规格： 27.5厘米 × 19.5厘米 × 5厘米

简介： 后山石，形似如意。寓意：万事如意，平安幸福，心想事成，无私奉献，朝气蓬勃。

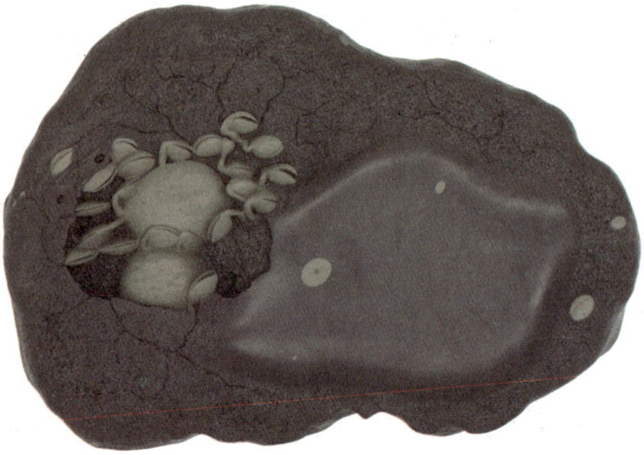

郝延强，生于1973年2月，陕西清涧县人，现居宁夏银川，第一届中国工美行业艺术大师，高级工艺美术师，宁夏自治区级贺兰砚制作技术代表性传承人，中国工艺美术协会会员，宁夏工艺美术协会常务副会长，中国贺兰砚之乡——银川市西夏区贺兰砚协会会长，银川市西夏区政协委员。曾祖父贺荣华（1861—1944）是陕北清涧著名的五花匠人，精通石雕砚雕等；祖父贺增银（1924—1997）、叔父贺占元（1958— ）、贺智慧（1961— ）均精通石雕砚雕。郝延强、郝银霞系陕北石雕砚雕世家第四代传人。

郝延强1995年学习贺兰石雕刻，1999年创建郝氏砚阁，2007年创建塞上雕刻工作室。2014年，工作室被授予银川市级贺兰砚制作技艺传承保护基地。2015年，宁夏郝氏雕刻有限公司成立；2016年12月，公司被授予宁夏自治区级贺兰砚制作技艺传承保护基地。曾参与主编大型图书《砚叔》（由岭南美术出版社公开发行），参加中国工艺美术协会主办的中国工艺美术研究院苏州工艺美院高级砚雕研修班、工信部清华大学工美培训班。

郝延强从业以来，作品荣获中国文化馆年会优秀项目奖等国家级、自治区级大奖20多项。个人荣获2015年中国工艺美术行业典型人物，银川市委组织部人才工作服务局优秀人才，银川文化新闻出版局优秀非遗传承人，西夏区委、政府双创行动自主创业之星，西夏区委、政府民族团结进步模范个人，西夏区工会劳动之星奖项18个。在宁夏回族自治区贺兰制作领域具有一定的代表性、知名度和影响力。

作为非遗传承人的郝延强用一把刻刀延伸文明，让每一方砚台独具神韵。

1988年，郝延强随家人迁居银川。一次偶然的机会他接触到贺兰石雕刻作品，立刻被它独特的魅力所吸引。之后，他利用业余时间，开始练习贺兰石雕刻。当郝延强将刻刀第一次嵌入贺兰石时，他觉得这柄刻刀很简单。日积月累、光阴流转，随着手艺越来越精湛，他对手中的刻刀和贺兰石越发充满敬畏，20多年的雕刻时光让他逐渐理解并坚信一个道理，手艺需要传承，只有经过一代代手艺人薪火相传，非物质文化遗产才能“活”下来，“活”得好，并获得生机与活力。

在他眼中，贺兰砚具有独特的价值。贺兰砚的艺术风格主要讲究“相石”和“俏色”。“相石”是根据石料走向和纹理、大小、厚薄等形状决定砚台尺寸形状，一般有方、圆、长方，也有荷叶、葫芦等自然形状。“俏色”是雕刻者根据贺兰石绿紫两色石料的不同特点和不同层次，琢磨能制出几层色彩不同的画面，使整个画面绿紫分明，互相衬托，突出主题。

郝延强说：“砚文化是中华文明的重要组成部分，在中华文化中具有举足轻重的地位。”20多年来，他累计雕刻了1000多件贺兰砚作品，坚持精益求精的同时力求创新，把更多的精力放在了高档艺术砚台的设计和制作上。

伴随着朵朵飞溅的石花和铿锵悦耳的金石音，郝延强将山水、人物、花鸟和岩画、枸杞、葡萄等宁夏特色相衔接，一幅幅生动图画铺展开来；大小迥异、各具形态的饰件、器皿等贺兰砚衍生品，拥有着宁夏独有的文化气质。郝延强喜欢与喜爱砚石的朋友一起看贺兰砚的世界，聆听自然和艺术的声音，感受时光和岁月的韵味。

03.石飚：作品即人品，传承后来人

祈福

规格：28 厘米 × 18 厘米 × 10 厘米

简介：砚石色泽清雅莹润，质地细腻，刚柔相济，以传统吉祥图案和西夏文化为创作素材，突显庄重典雅之美。

百鸟朝凤

规格：26厘米×15厘米×5厘米

简介：作品用材考究，构思巧妙，借石材天然纹理，九层俏色巧雕，图中的凤凰和梧桐树上的鸟儿遥相呼应，营造出温馨和静谧之美。

石飚，男，1968年11月生于辽宁沈阳市，现为中国工艺美术大师，正高级工艺美术师，宁夏职业艺术学院兼职教授，国家级非物质文化遗产贺兰砚雕刻技艺省级传承人。深圳市工美文化创意院高级研究员，2018年宁夏回族自治区石飚技能大师工作室领办人，宁夏工艺美术协会常务副会长，宁夏砚文化研究会会长，九三学社社员，宁夏九三书画院副院长。

1996年，西北民族学院工艺美术专业毕业。1999年，出品《九羊启泰凤归图》。2005年10月至2007年9月，出品《龙凤呈祥》《塞上江南》《塞上风情》。2007年，出品《塞上风情》。2010年清华大学研修学习。2013年5月14日，被评为中国工艺美术行业2012年度典型人物。2019年，创作砚雕《米芾拜石》。2021年，创作贺兰石砚《米芾拜石》。2021年，创作贺兰石雕《红船》。

2006年12月，获得全国工艺美术优秀创作奖。2007年，被宁夏区政府授予“宁夏一级工艺美术大师”称号。2012年，《远古》获中国工艺美术大师“百花杯”金奖。2012年11月，获得“中国工艺美术大师”荣誉称号。2013年，《宁夏日报》专访报道。2017年，被认定为自治区级非物质文化遗产代表性传承人。2018年，创办2018年度自治区级“石飚技能大师工作室”。2019年，《池趣》入选中国国家博物馆（时代新章）工艺美术作品展。砚雕《米芾拜石》被评为“第十四届中国民间文艺山花奖优秀民间工艺美术作品”入围作品。2021年，贺兰石砚《米芾拜石》被中国工艺美术馆收藏。同年，贺兰石雕刻作品《红船》(红船精神——中国工艺美术大师“百名大师、百件作品”红色主题展作品)已由南湖革命纪念馆收藏。

石飚的父亲是地质学家，1973年至内蒙古工作，后又举家搬迁至银川。那段跟着父亲奔波的日子里，石飚成天在石堆中打滚，这让他在第一次接触贺兰砚时，便有着不一样的感受，并在以后的生活中，与贺兰石成了最为亲密且重要的伙伴。

1988年，石飚毕业分配工作，来到贺兰山玉雕厂学习贺兰砚雕刻。在大多数人看来，这是一个“苦差事”，其他同学的工作大都是在办公室中，石飚不仅要在玉雕厂学习雕刻，还要去贺兰山的笔架山背石料。但石飚并没有因此退缩，上山，步行需要走10多公里山路，到山上后还要将石料背下来。一开始，石飚一趟只能背30来斤，到后来竟然可以一口气背上80斤石料下山。

背石料太累，却难阻挡石飚对于贺兰砚雕刻学习的热情。那时候玉雕厂请了闫氏贺兰砚的第三代传人闫子洋来传授雕刻技巧。除了在工作中勤学苦练，石飚一有空闲时间便跑去闫老师的家中要求“补习”。很快石飚摸索出一些制砚的门道，也虚心叩开了闫子洋的师门，更系统地学习了贺兰砚的雕刻创作，承袭了闫氏贺兰砚手工雕刻技法。

“与其他砚台相比，贺兰砚除了石材特别之外，最重要的是，雕刻过程要根据贺兰石本身进行构思创作。”石飚说。在他看来，雕刻贺兰砚难在如何将创意灵感与石材本身的特质恰如其分地结合在一起。通过不断学习，石飚在业界的名气也越来越响。

1999年澳门回归，宁夏回族自治区人民政府赠送的贺礼《九羊启泰·凤归图》便是由石飚雕刻完成。这一作品由枸杞造型组成周边浮雕，取延年康泰之意；一只凤凰同八个象形凤字组成一个圆形，取喜庆团圆凤归来之意；一只大羊同八只小羊造型，取我国民间传说的吉祥语“九羊启泰”之意。九凤九羊，也含喻九九归一、九九年澳门回归之意。

“光石料就有近300斤重，花了7天时间从山上由人工搬运下来。越大的贺兰石料越难把握其纹理走向，所以我们的雕刻难度也非常大。”要如何巧妙运用复杂的石料颜色变化进行俏雕是石飚当时面临的最大问题。石飚说：“当初仅设计稿就出了6版，在雕刻过程中又随着石料纹理的改变而随时调整，我和一个同伴整整做了半年。”即便过去了很久，这个难忘的创作经历于石飚而言依然记忆犹新。

如果说《九羊启泰 · 凤归图》是代表作，那《百鸟朝凤》则是贺兰砚中的绝对精品。顺应贺兰石纹路的走向，石飚在贺兰石上层层雕琢，让青绿两种颜色在这一方砚中被应用得恰到好处，九层颜色层次分明，精妙绝伦，巧夺天工。凭借一件件精美的作品和高超的技艺，石飚荣获第六届“中国工艺美术大师”称号，在全国砚雕领域声名鹊起。

随后，为了更好地继承和弘扬传统贺兰砚文化，石飚在银川金凤区银川文化城创办了兰山砚府。在兰山砚府二楼展厅陈列着石飚和弟子的几十方作品。琳琅满目的作品中，小的只有一掌大，而大的砚台直径有半米多长。砚台设计的题材就更加广泛了，花鸟鱼虫、山水树木、神话传说无所不包。

石飚说自己这样做，是希望更多的贺兰砚制作手艺人能被公众知道，能将贺兰砚雕刻技艺永远地流传下去，让世人学习和观赏。而他自己也依然在不断学习。他说：“制砚不单纯是技艺，还要将结构、透视关系等绘画内容表现在贺兰石上。此外，一方砚台要具有寓意和美感，制砚人必须了解很多古代的文化、历史及人物，这样才能让砚台与文化相互契合，互相承载。”

不断汲取、不断向前，如今，石飚从事贺兰砚雕刻已经30多年，贺兰砚创新与传承仍是工作的重心。对此，他说："我现在主要就做两件事，做好作品，带好学生。"

04.张向东：以画入砚、以诗入砚

梦在江南

规格： 52 厘米 × 32 厘米 × 5.5 厘米

简介： 描绘出一幅既有“画栋朝飞南浦云，珠帘暮卷西山雨”的亭台楼阁之美，又有“山随平野尽，江入大荒流”的山川壮阔景象，更有“欲穷千里目，更上一层楼”的阔目远眺之感。由近及远、由小到大，充满诗情画意的江南景象渲染而去；层次分明，结构宏大，细腻中有豪放，浪漫中有生活，观之美不胜收，抚之爱不释手。

竹林七贤

规格： 42 厘米 × 23 厘米 × 4.5 厘米

简介： 精巧刻画出“竹林七贤”豁达自然的风流名士形象和个性鲜明的风格特征。纵观全砚，刻法精细自然，繁简得当，构境优美深曲，浑然天成，体现出雕刻家描绘事物的深厚功力。

张向东，1968年出生，安徽省歙县人，1992年师从歙砚雕刻大师学习砚台雕刻技艺，承袭徽派砚台雕刻技法。张向东雕刻的贺兰砚以画入砚、以诗入砚。他致力于将歙砚的文化风格与贺兰砚的雕琢艺术风格相融，从而扩大了贺兰砚的载体，增加了贺兰砚的品种，使宁夏贺兰砚在艺术、实用、工艺、收藏等方面有了进一步的提升，影响和带动了贺兰砚制作技艺全新的创作方向。

张向东现为宁夏回族自治区一级工艺美术师，自治区级非遗代表性传承人，宁夏工艺美术协会会长，银川市高精尖缺人才。2007年1月，经中国工艺美术大师评审工作领导小组批准，授予张向东“中国工艺美术大师”荣誉称号。

张向东2003年创作雕刻的随行砚《年年有余》和2004年创作雕刻的贺兰石屏风《九旺百福图》得到业界一致好评。作品《山居》被中国国家博物馆永久收藏。作品《石狮如意》被宁夏贺兰砚博物馆收藏。作品《西心探秋》被中国文房四宝精粹（深圳）博览馆永久收藏，作品《新安览胜》由南昌工学院收藏。作品《山居》《平湖秋月》《金陵十二钗》荣获宁夏工艺美术大师作品一等奖。《山水砚》荣获第三届中原艺术博览会金奖。2013年，作品《新安览胜》获得第一届宁夏创意大赛二等奖。作品《山水》荣获2014年“宁港杯”创意设计精品大赛最佳创意设计奖。

05.郝银霞：继续在弘扬技艺的路上走下去

荷谐砚

规格： 21.8 厘米 × 17 厘米 × 6.5 厘米

简介： 宁夏贺兰山后山石，稀有金线石材。雕刻技法：浅浮雕。表达寓意：家庭和谐，社会和谐。

醉荷

规格： 26.5 厘米 × 13.8 厘米 × 6.5 厘米

简介： 宁夏贺兰山后山石，稀有红韵石材。表达寓意：洪福常伴，好事连连。

郝银霞，女，汉族，陕西省榆林市人，陕北石雕砚雕世家第四代传承人、银川市根艺协会会员、宁夏一级工艺美术大师、宁夏职业技术学院实训实习基地指导老师、宁夏陕西商会会员、宁夏工艺美术协会常务理事、中华砚文化发展联合会会员。

郝银霞擅长人物雕刻，尤其是仕女系列。在创作中，她以女性特有的灵感捕捉细节、刻画人物，形成了飘逸、细腻的艺术风格。她还擅长贺兰石篆刻，并设计制作了许多意境深远的人文砚，体现传统文化的意境和魅力，把对中国历史文化的领悟，浓缩于方寸之间。郝银霞对技艺精益求精，在一笔一刀的求索中传承着古老的砚雕技艺。在她的作品中每一方砚都独具特色。

郝银霞设计、制作了一系列造型别致、神态飘逸的仕女砚，在贺兰石雕刻方面拓展人物砚的题材和领域；制作、雕刻的荷花系列砚台，利用石材天然肌理和色彩，在贺兰石的立体雕刻、多层造型方面取得了新的创意。2010年，被聘为宁夏广播电视大学、宁夏职业技术学院实训实习基地砚雕指导教师，教学生20名。2014年，塞上雕刻工作室成为市级贺兰砚制作技艺传承保护基地。她的多个作品被中国文联出版社出版的《四宝精粹》、岭南美术出版社出版的《砚叔》、中华美术出版社出版的《中华名砚贺兰砚》等刊载和收录。《如日中天》砚被宁夏博物馆收藏。在贺兰砚制作技艺领域具有一定美誉度和影响力。

郝银霞说："一件好的作品在创作之前，需要充分汲取本土文化元素。比如我曾雕刻过的西夏古瓶砚，具有浓郁的宁夏地方特色。在雕刻的过程中，我查阅了许多资料，考察了许多文物，反复修改设计图，最终才达到满意的效果。"

在多年的坚守和创新中，郝银霞传承技艺，在一笔一刀的磨砺中记录时代进程、塑造艺术品格、弘扬优秀技艺，把对历史和时代的领悟浓缩于方寸之间，不断追求完美。同时，郝银霞以刀笔品味人生，力求每一方佳砚都能展现出创作的灵感，并从中获得快乐和爱，让心灵净化和思想升华，体现出创新的魅力，将百年技艺一脉相承。

目前，郝银霞与哥哥郝延强的"郝氏砚阁"已成为宁夏独具特色的专属艺术品牌，被评为自治区级非遗保护传承基地，同时也培养了一批雕刻人才。郝银霞说："我将继续在弘扬技艺的路上走下去，为贺兰砚的发展多做贡献。"

06.蒋喜文：一块石头他要相面几个月，甚至一两年

图说： 笔洗

规格： 14.5厘米 × 8厘米 × 4.8厘米

简介： 贺兰石俏色圆雕手法雕刻，自然和谐。

苦尽甘来

规格：22.5 厘米 × 17 厘米 × 5.5 厘米

简介：贺兰石俏色圆雕镂空、浮雕等手法雕刻。

蒋喜文，男，汉族，高级职称，九三学社成员，西夏区政协委员，自治区市级非物质文化遗产代表性传承人，宁夏一级工艺美术大师，2019—2023年银川市高、精、尖、缺人才。西夏区非遗工会宣传委员，银川市西夏区贺兰砚协会秘书长，宁夏民间文艺家协会会员，中国文房四宝协会会员，宁夏职业技术学院外聘教师，宁夏艺术职业学院客座专家。

1991年3月，开始学习贺兰砚和设计制作。2013年，拜国家级非物质文化遗产代表性传承人闫森林为师，学习雕刻技法并与现代工艺技术相结合，逐步形成了自己的雕刻技艺风格——线条柔美，写实与写意充分融合，刀法细腻俏色巧雕。作品深受广大砚台爱好者喜欢，并在国内获得大小奖项数十个。在教学方面取得了不错的成果，荣获2012年度优秀企业指导教师荣誉称号，传授贺兰砚制作技艺的学生、徒弟和社会义务培训人员已有400余人。

在蒋喜文家里，屋里、屋外陈列着砚雕成品和堆放的半成品。他说："贺兰石质地细腻，紫中嵌绿，绿中附紫，紫绿两色天然交错，层理分明，相互交融，是一种适合俏色的难得雕刻石料，用它雕刻的贺兰砚图案千姿百态，可巧夺天工。'三分人工、七分天成'，最难的是要从选材中发现美，经过人工的'画龙点睛'，这不是一件容易的事。"为了能雕刻出一件好的作品，一块石头他往往要相面几个月，甚至一两年。

蒋喜文从第一次尝试雕刻贺兰砚，至今已30多年了，记不清雕刻了多少块砚台。其间有收获也有困惑，能走到今天全靠坚持和热爱。蒋喜文说："我会在非遗传承路上一直走下去。"孜孜不倦的努力、潜心研究最新技艺的背后，是蒋喜文"文化不容遗忘、文明需要传承"的信念支撑。

07.林庆华：贺兰砚制作易学难精，需要工匠精神

福临门砚

规格：19.5 厘米 × 12.7 厘米 × 3 厘米

简介：创意来源于先秦两汉之铺首门环。寓意叩门者皆为东主之福。砚呈长方形，上部凿一指式墨池，两颗石眼幻化为铺首的双目，左侧的弧线延展为兽口内的圆环，与右侧的直线砚墙形成强烈的对比，平整的砚堂化解了疏与密、曲与直的审美矛盾。以纯净的节律、洗练的刀法和简约的线条来表达思想内涵。这是重新解构砚雕艺术语言的一件探索之作。

甜瓜砚

规格： 22.2厘米×14.2厘米×6厘米

简介： 寓意“春耕秋收”的自然规律。一只带蒂连叶的甜瓜，蒂及藤蔓旋转缠绕，产生了狂草的遒劲之美。三分之一处切开的瓜皮为砚的主体部分，开裂处下探琢刻成墨池。剖面为砚底，瓜瓤自然呈现，籽粒饱满坚实。砚堂略作打磨以呈研墨之功用，其余未作抛光处理，整器朴茂雄拙，上手后刻刀温度之美扑面而来，镂空多达二十余处，反转盘玩，尽得空灵通透之韵致，堪称文房器物之佳构。

林庆华，字征，号研浓。出生于1972年11月。祖籍山东莒南县。1991年，师从陈旭聪、闫森林先生制砚。

刻砚，一刀刀所向，切、铲、打、刻，好在能有心，有力，能先于心动，心动于一地的凸凹、起伏、虚空、变化，心动于这地那地的强一些、弱一点，心向哪儿，刀往哪儿，先有心动，尔后行动。

绝大部分砚都是普通砚。大概的池，大约的边，如法炮制的堂。观石质，石质一般；看品色，品色寻常。

普通砚，不好在普通，却也好在能甘于普通。

庸常的刻砚，在造砚那人，要的就是平浅，取向就是庸常。又或许，那人本就心无波澜，白日吃饭刻砚，晚上入睡无梦，做寻常人，刻平常砚。

在2020年“文化和自然遗产日”即将来临之际，宁夏回族自治区文化和旅游厅以“讲好黄河故事，弘扬黄河文化”为主题，组织开展“非遗进万家·文旅展风采”——宁夏黄河流域非遗作品创意大赛及非遗讲解大赛、非遗进景区进校园展演、非遗保护实践成果征集、非遗传承人培训班等系列活动，集中展示、推介、传播宁夏多元、多样、独具魅力的优秀传统文化。活动自5月29日启幕，持续至9月结束。自治区级非物质文化遗产代表性传承人林庆华，向媒体记者和往来游客介绍了贺兰砚的制作技艺、传承历史和其中包含的文化内涵。他说：“贺兰砚的制作，易学难精，需要多年的沉淀和不断地学习挖掘，这不仅是技艺提升的过程，更是一种工匠精神的延续和传承。”

在30余载专研砚雕艺术生涯中，林庆华获观贺兰砚一代宗师闫子江、闫子洋伯仲及门人砚照多张。捧读陈端友先生《砚雕图谱》一书，深受启发，获益颇多。多方研读专业书籍，在制砚理论方面得到了巨大提升；行程数万里去各大名砚产地观摩交流学习，足迹遍布国内众多博物馆。

作品特点：因材施艺，注重天趣与雕工相结合，追求砚石神韵与稍辅雕工的写意理念。上手高古玉器千余件，洞悉昆吾刀不传秘法，40岁后由“宗法而法”渐悟“无法而法”始为至法的创作意图，作品由表象鉴赏逐步迈向美学哲思层面，形成了辨识度较高的制砚风格。

08.王辉：贺兰砚让我活得更有尊严

龙游墨海

规格：27 厘米 × 27 厘米

简介：龙代表着吉祥、正义、兴旺和力量，并且象征着风调雨顺和幸福吉祥。

檐下远山砚

规格：16 厘米 × 10 厘米

简介：寓意高远的志向及远大的理想，要顽强、坚强。

王辉，男，回族，宁夏一级工艺美术大师、国家级非物质文化遗产项目贺兰砚制作技艺市级代表性传承人，现担任宁夏残疾人手工艺师行业协会常务副会长、贺兰砚协会副会长等职务。

王辉四岁半时因机械事故造成双腿高位截肢，中学毕业后，他跟着父亲学了五年医，但最终没能如愿成为医生。一个偶然的机会，王辉的哥哥带回一块贺兰石，自幼有绘画天赋的王辉放下了手术刀拿起刻刀，一尊葫芦砚从他的手中临摹而出。于是他便开始学习贺兰石雕刻，成为一名雕刻师。

王辉的作品在选料上十分考究，工艺超凡脱俗，典雅古朴，根据砚石的不同形状、纹理、色彩，因材施艺，意境深远，形成了自己独特的艺术风格，作品多次被国内外名家收藏。

王辉长期从事非物质文化遗产贺兰砚制作技艺项目研究，设计开发贺兰石旅游产品，并致力于发掘、研究适合残疾人就业创业的非遗手工艺项目。他创办的伟帝珍品有限责任公司下设4个精品店、1个培训基地、1个贺兰砚制作雕刻基地、永宁县总工会扶贫基地。其中，宁园王辉制砚第二分店先后被中国残疾人福利基金会、澳门基金会授予西北首家“手工艺者集善之家”，被中国残疾人联合会授予“中国残疾人文化创意产业基地”，被银川市非物质文化遗产保护领导小组评为“贺兰砚制作技艺传承保护基地”，被宁夏残联授予“宁夏残疾人就业培训基地”。他创办成立了宁夏王辉制砚非遗特色综合馆，旨在整合宁夏自治区内现有的非遗制作加工项目，带动更多手工艺者就业创业，使非遗特色项目得到了更好的保护及传承。现带学生15人，其中县区级非遗传承人8名。

王辉常年和区市各级残联、工会、街道等共同举办雕刻培训班，传授贺兰石雕刻技艺，累计培训800多人次。在王辉的激励和带动下，学员们用努力学到的雕刻技术，也走上了自强致富之路。2008年汶川大地震的第二天，王辉拿出自己的作品为灾区义卖募捐，捐款场面被网络评为“中国十大感人图片”之一；北京奥运会期间，他亲自设计雕刻了大型贺兰石摆件“和平女神”为奥运献礼；2010年，他代表宁夏在上海世博会主题馆展示雕刻技艺，并被世博组委会评为“世博之星”；2014年5月，王辉在北京人民大会堂受到了习近平总书记和李克强总理的亲切接见。王辉自强不息、积极进取的感人事迹被多家媒体予以报道。

非物质文化遗产成就了大师，坚守初心、不忘本真的传承人同样也实现了非遗的传承。以人为本才能为非遗传承注入不竭的动力，王辉说：“期望尽自己的微薄之力，让和我一样身体残疾的人有一个创造的平台，让他们活得更有尊严。”

09.闫淑丽：希望女儿也从事贺兰砚手工雕刻

鱼跃龙门

规格： 15.5 厘米 × 4.5 厘米

简介： 表现出勇于探索、开拓进取，为实现理想和追求更高目标而努力的拼搏精神。

塞上秋韵

规格： 28.5 厘米 × 22 厘米 × 5.5 厘米

简介： 以黄河流域为主题，表现宁夏大好河山的景象；体现宁夏治理生态环境后，绿水青山变得更美、更大、更好、坚持人与自然和谐共生的美好画面；山与水的融合，静与动的搭配，组成了最美的风景。

1964年，闫淑丽出生于宁夏制砚世家。“闫家砚”始于清朝光绪年间，已历传五代。闫淑丽身为第四代传承人之一，从小便耳濡目染跟着父亲闫子洋学习制作贺兰砚。闫淑丽至今都记得自己年幼时父亲每年七八月份便离家上山，一两个月才会背着采来的石头回家。“采石不易”就如同已故的父亲一般也深深地烙在了闫淑丽的脑海里。在这种理念的长期熏陶下，闫淑丽惜料、惜彩，精工细做，力争每一块料都能用得恰到好处，这样就渐渐形成了注重“相石俏色”、精雕细刻的“闫家砚”风格。

现如今，闫淑丽担任宁夏工艺美术协会常务理事，宁夏区级工艺美术大师，宁夏砚文化研究协会理事，宁夏妇女手工制品协会理事，宁夏民间文艺家协会会员，宁夏旅游协会会员，西夏区美术家协会会员，宁夏回族自治区银川市非物质文化遗产传承人。

一百多年来，特别是新中国成立以后，“闫家砚”为宁夏的“兰宝”贺兰石雕刻技艺的传承、发展做出了很大的贡献，得到了社会的认可和赞扬。2012年12月，闫家砚雕刻技艺被评为国家级非物质文化遗产。随着国家对非物质文化遗产的更加重视，闫淑丽也更加坚定地从事手工雕刻贺兰砚，同时还将自己的这门手艺传授给了自己的女儿（徐楠，初级工艺美术师），以及热爱手工制砚的大学生们。

10.仲生全：通过贺兰砚，看到宁夏本土文化

路漫漫

规格：31 厘米 × 16.5 厘米 × 6.5 厘米

简介：作品雕刻着枯木、枯叶、蜗牛和蚂蚁等，以生动的造型为我们讲述了一段故事：历经岁月的一段枯木上爬着一对蜗牛，卿卿我我，一片枯叶卷护着蜗牛卵，好一个其乐融融的幸福家庭。然而在蜗牛卵上，作者巧妙用俏色雕一只蚂蚁，打破了这个幸福家庭的平静。这正如命运多变的漫漫长路，或许只有顺应自然才是正确的生存之道。

醉素禅心

规格： 28 厘米 × 21 厘米 × 4.5 厘米

简介： 选用红、绿、紫三色彩的贺兰石雕刻而成。作品以唐代书法家怀素的书法和诗词为主题，创意新颖，雕工精湛。

一张陈年残宣，平铺在错落有致的二十八枚正字活字块上，以怀素诗词《题张僧繇醉僧图》为内容的楷书活字块，力透纸面，形成高低不同的效果。同时在纸面上，将怀素飘逸洒脱的《自叙帖》部分书法内容雕刻其上，留白处作为砚堂，残缺处辟为墨池。这种将不同字体阴阳穿插、虚实搭配的表现手法，使得作品整体呈现出一种对比鲜明又协调统一的艺术效果。

仲生全，号中石，大专学历，中石艺品轩主人，职业砚雕师，高级工艺美术师，中国工美行业艺术大师，宁夏一级工艺美术大师，国家级非遗项目贺兰砚制作技艺自治区级代表性传承人，银川市高精尖人才。中国民间文艺家协会会员，中国民间文艺家协会砚委会常务理事，中国工艺美术协会会员，中国文房四宝协会会员，宁夏民间文艺家协会会员，宁夏工艺美术协会副秘书长，宁夏砚文化研究会副会长。先后拜国家级非遗传承人闫森林，中国工艺美术大师刘克唐、石飚为师。

仲生全以宁夏独有的贺兰石为原料，根据砚石的石质、石品、石色特点，尊崇砚雕艺术圭臬和审美情趣，因材施艺，潜心创作。作品题材广泛，写实与写意等技法相结合，以刀代笔，“工”“意”并重，通过作品以他独特的视角讲述生活里的故事。

多年以来，仲生全曾多次为宁夏的重大交流活动创作作品，并得到好评。2002年，作品《仙山琼阁》被宁夏回族自治区人大赠送给全国人大会议中心；2005年，参与创作的作品《塞上江南》被宁夏政府选为赠送给新疆维吾尔自治区成立50周年的贺礼；2006年，参与创作的作品《塞上湖城》被宁夏政府选为赠送给沈阳世界园艺博览会的贺礼；2007年，参与创作的作品《塞上风情》被宁夏政府选为赠送给内蒙古自治区成立60周年的贺礼；2015年，作品《三足云纹砚》和《缘》被录入“探梦月球”航天主题艺术芯片并搭载航天器进入太空；2018年4月，被宁夏推荐参加在上海举办的“第七届中国工艺美术大师”的评选活动；2019年，作品《清明上河图》和《失落的文明》被宁夏博物馆收藏。

砚田壤厚，艺海无涯，仲生全多年来一直秉持着师古求新的创作理念，探究汲取先贤艺术营养，努力提高自己的创作水平，并逐步形成了自己独特的砚雕艺术风格。《失落的文明》获中国宁夏贺兰石（砚）设计创意大赛金奖。仲生全说：“作品中表现的‘千层书页’代表着源远流长的宁夏本土文化，所以希望通过这件作品，呼吁大家能够逐渐重视宁夏本土文化，不再让它失落。”

11.周云峰：传承贺兰砚制作技艺走出新路

一团和气

规格： 9厘米×13.8厘米×3.3厘米

简介： 作品用少有的优质绿色贺兰石雕刻而成，呈椭圆形。设计新颖，用料考究，浮雕图案疏密有致，雕工精美。形体大小适宜，可上手把玩观赏又不失实用性。寓意“和和美美、祥和吉利”。

鸣春

规格： 11.5厘米×17.2厘米×4.3厘米

简介： 作品采用优质贺兰石进行雕刻。砚盖利用了天然贺兰石红刚夹绿彩的石料特点。主砚石质细腻嫩滑。砚盖根据红刚夹绿彩的砚料层次雕刻了两只山雀在桃花山林中嬉戏，很好地体现了桃花盛开、欣欣向荣、生机勃发、喜庆愉悦的美好场景。作品意境丰满，雕工精美。兼具实用性、观赏性，艺术视角独特。

周云峰，1972年9月出生，本科学历，宁夏银川市人。高级工艺美术师、中国工美行业艺术大师、自治区级非遗代表性传承人、银川市金凤区周氏砚雕刻艺术工作室负责人、银川市高精尖人才。2018年5月，经中国工艺美术大师评审工作领导小组批准，授予周云峰“中国工艺美术大师”荣誉称号。

周云峰在继承前辈雕刻技艺的基础上，将作品题材创作和雕刻技法大胆创新，推出了很多砚台造型。他自主研发创新了砚雕工艺技法，首创了将传统金银错工艺融入贺兰砚雕中，提升了砚雕艺术表现力与发展空间。多年来，他潜心研究不同雕刻技法，并获得多项国家专利及著作权。他雕刻的贺兰砚作品注重实用性和艺术观赏性相结合，有着独有的艺术表现风格。作品均构图精美，刀法细腻，繁简得当，整体追求区域民族文化与传统文化相契合的表现形式。作品时而透出清秀飘逸，时而表现浑然大气，具有赏心悦目、雅俗共赏的特点。作品屡次在全国工艺美术行业和自治区级工艺美术行业大型会展中获奖，被多家博物馆收藏。

周云峰积极鼓励徒弟与砚雕爱好者在继承传统的基础上走创新发展之路，为传承贺兰砚制作技艺走出新路，开辟新天地。

12.边喜龙：通过贺兰砚让更多人了解并热爱宁夏

仿古素砚

规格： 21厘米×12厘米×3厘米

简介： 以《山海经》为题材，反映中华五千年文化内涵。

马头印

规格： 15厘米×8厘米×20厘米

简介： 寓意马到成功！

边喜龙，男，出生于河南省南阳市镇平县。银川市西夏区贺兰砚协会副会长，宁夏工艺美术协会常务副会长，宁夏旅游协会商品协会副会长，宁夏隆宝阁艺术品工贸有限公司总经理，政协银川市金凤区委员。

出生于中国玉雕之乡的边喜龙，从小耳濡目染了玉雕加工全过程，并对贺兰砚艺术品生产和研发，产生了浓厚的兴趣。边喜龙在本行业历年来组织的多项评比中屡获殊荣。

1995年，他在国内首创的贺兰石挂件系列产品问世，备受游客喜爱。在西北落后地区旅游商品市场空白的情况下，边喜龙从零开始，带领群众摆摊设点，风餐露宿，在艰苦的条件下，推动了宁夏旅游市场的快速发展。到2006年，宁夏旅游商品经营户已经达到了三百余家，提供了许多就业岗位，产、供、销三位一体，奠定了宁夏旅游商品市场的基础，边喜龙本人也连续多年被评为银川市旅游系统先进个人。

2016年，积极参与西夏区贺兰砚之乡的前期准备工作。2017年，积极组织参与第40届中国文房四宝博览会，在博览会期间，边喜龙跑前跑后，不辞劳苦，并在最终取得好成绩。同年，边喜龙以一组传统文化系列的贺兰砚作品夺得银川市第四届旅游商品设计大赛的金奖。2018年3月，他积极组织参与第41届北京文房四宝博览会前期工作，并在会展中团结伙伴，其作品最终取得“贺兰砚‘国之宝’中国十大名砚”荣誉称号，得到中国文房四宝协会的肯定和表扬，为宁夏人民争了光。2018年5月，组织成立了宁夏旅游发展委员会“旅游商品研发基地”隆宝阁艺术研发小组；6月，参与宁夏工商职业技术学院校企合作的“实训周”师徒回归、培养现代“工匠”活动，为宁夏贺兰砚后继人才的培养献出一份力量；8月，组织并参与了2018中国旅游商品大赛，宁夏取得了4金6银好成绩。

边喜龙为人忠诚，宽厚待人，严于律己，乐于奉献，思路超前，敢于开拓。他是宁夏旅游商品市场的领头者，也是贺兰砚行业的带头人。

在贺兰石上雕刻出与西夏有关的图案及文字，来表现宁夏风情，边喜龙一直在做这件事。同时，将黄河文化、神奇开放的塞上作为作品的素材。而边喜龙与贺兰石结缘属于意外。

1993年，边喜龙从河南南阳来到宁夏做玉器销售生意，刚开始只给各大商场供货，边做边摸索，慢慢地与宾馆进行业务上的合作。边喜龙想尽办法扩大销量，甚至利用闲暇时间到景区自己摆摊，那时，他第一次见到了贺兰石并爱上了贺兰砚，于是他一有空便研究贺兰石。

1995年，银川有一家贺兰石加工厂因技术问题濒临倒闭，低价出售库存，于是他花6000元买下了该厂剩余的2吨原材料。当时在宁夏的贺兰石市场，只有贺兰砚单一的产品，他想，能不能用这种石材做些小工艺品和印章，再将宁夏特有的地域文化在上面加以表现呢，于是便动手筹备。产品很快就出来了，一进入市场，便被抢购一空，利润相当可观。“有一次，一家商户提出将产品全部包了。”边喜龙说。

1996年，尝到甜头的边喜龙尝试大批量生产，用加工玉的工艺流程将贺兰石加工成小饰品、印章、茶壶、笔筒，市场反应达到了预期的效果。但高兴之余，边喜龙犯愁了，原来，自己的产品要回到河南加工，因当时物流不便，所以只能自己坐火车，一次只能运十来箱（每箱近百斤），这种异地加工、销售的模式持续到1999年。

由于路途遥远、运输不便，再加上通信也很不方便，边喜龙便从河南请来6名师傅，在银川开了一间贺兰石加工作坊。2002年，随着市场需求扩大，边喜龙购置了超声波玉雕机等设备，日加工量从几百件提高到一千多件，品种也由最初的五六个增加到两百多个。边喜龙设计的贺兰石工艺品在沙湖、沙坡头、西夏王陵等景区成了热卖的旅游产品。

近年来，边喜龙先后开了3家主销贺兰石的工艺品店。随着经营方式的逐渐改变，他积极探索，于2004年在沙湖参与开办了宁夏第一家旅游购物中心。为了满足人们对旅游产品的日益需求，除了在设计中融入民族和地域特色外，他还在产品质量、工艺、包装上进一步提升品质。

在此基础上，边喜龙加强对宁夏历史文化的学习，最近，他尝试着将宁夏本土文化、黄河文化融入设计理念，推出了一批具有浓郁地域风情等特点的新产品。他说："作为宁夏五宝之一的贺兰石，加工成工艺品时不能粗制滥造，应该让它成为宁夏具有代表性的纪念品、宣传品。"

十多来年，边喜龙与贺兰石结下了深厚的感情，他虽然不是宁夏人，但希望以自己的设计理念和努力，让更多的人通过贺兰石来了解宁夏、爱上宁夏。

13.刘大全：贺兰砚是石头与人的一次深度交流

和平盛世

规格：32厘米×18厘米×4厘米

简介：寓意祖国繁荣昌盛，人民生活幸福、和和美美。

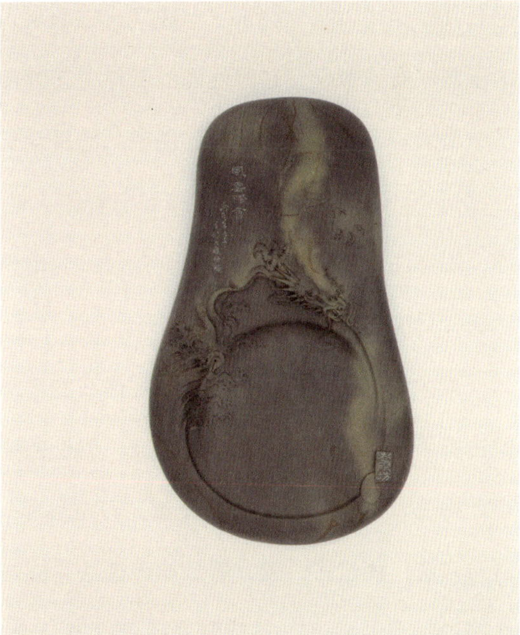

风云际会

规格：32厘米×15厘米×4厘米

简介：寓意风生水起，中国龙崛起于东方。

刘大全，男，1981年出生于河北易县砚雕世家，自1997年起定居宁夏银川。首届全国文房四宝行业技术能手，宁夏工艺美术大师，贺兰砚制作技艺自治区级代表性传承人，工艺品雕刻高级工，宁夏工艺美术协会常务理事。

刘大全自幼受家族砚雕艺术的熏陶，对古老的砚雕艺术有着浓厚的兴趣，选择继续传承砚雕工艺。1997年，来宁夏银川开始从事贺兰砚雕刻及创作，20余载，不懈努力，刻苦钻研，虚心求教，并得到了全国多位砚界名师及前辈的不吝赐教。在贺兰砚制作过程中，将南北雕刻工艺巧妙结合，完美融为一体，形成了自己独特的砚雕风格，深受业内人士一致认可及收藏爱好者广泛好评。

其实，要说贺兰砚这个行业里，外地人占据半壁江山一点也不为过。20世纪八九十年代，从外地来了一拨又一拨制砚人，把河北易县的易砚、河南郑平的玉雕、安徽歙砚、甘肃洮砚的制作工艺都带来了，本土和外地制砚技艺经过了一番大融合，才形成今天的面貌。博采众长，也是贺兰砚的一大特点。刘大全就是20多年前从老家河北来到宁夏的。他说，河北易砚的雕刻非常有立体感，视觉冲击力强，特别是雕刻龙砚。他用易砚技法制作的贺兰砚，造型生龙活虎，又是一种风格。

刘大全制砚擅长因材施艺，观砚石的自然颜色、纹理特点再巧妙设计，对贺兰石原石各种颜色变化掌握精准。擅长各种写实雕刻，薄意雕刻，尤其对荷花、梅兰、山水、仕女颇有造诣。刀法顺畅、老辣，运用独特的圆刀、平刀、直刀刀法，通过切、铲、凿、冲等技法完成各种物品的雕刻。刘大全认为，一件好的作品从设计、雕刻到成品是需要几个月的，不仅是手工上的雕刻、打磨，更多的是依照石头自然的纹路与创作想法相结合，这是人与石间进行的一次深度交流，他的作品《和和美美》就是如此。

2006年，精心刻制的山水屏风《闽宁情》被福建厦门鼓浪屿景区永久收藏；2011年，作品《宁夏风光》被宁夏博物馆永久性收藏；2016年，作品《硕果砚》在“2016年宁夏贺兰砚大师精品展”上荣获一等奖；2021年，抗疫作品《白衣天使》被宁夏博物馆收藏。2017年，注册成立宁夏老砚坊文化艺术品有限公司，公司被银川市西夏区政府授予“优秀贺兰砚制作技艺工作室”。

关于对贺兰砚行业发展的未来期许，刘大全说：“希望更多年轻人参与、学习和传承贺兰砚制作技艺，未来会越来越好。”相信这就是非遗传承人的责任与使命，为贺兰砚更好的发展献出自己的一份力量。

14.潘安政：方寸之间的执着，造就了匠心的传承

大雅西周

规格： 25厘米×21厘米×4.6厘米

简介： 巧妙利用贺兰石稀有的黄皮雕刻一组出土的青铜器，这些青铜器历经千年岁月的雪藏，依然掩盖不了中华文化的灿烂及悠久。

清远

规格：25厘米 × 18厘米 × 4.6厘米

简介：作品运用薄艺雕的手法借贺兰石的天然石色，雕刻一幅水墨山水图，意境深远。

潘安政，又名潘钢，1983年出生于安徽黄山，自治区非物质文化遗产传承人，宁夏工艺美术师，中国民协砚委会常务理事，中华炎黄文化研究会砚文化委员会副秘书长，宁夏工艺美术协会常务理事，宁夏贺兰砚协会理事。

山里长大的孩子有着与生俱来的灵气和吃苦耐劳的精神，又受到徽派文化的影响和熏陶，潘安政从小就对书画、雕刻等艺术有着极其浓厚的兴趣。1998年，他开始正式拜师学艺，学习歙砚的雕刻。在家乡勤学苦练历经六载，访名师，学真艺，练真功。外加聪明伶俐，其作品已初露锋芒。2004年，潘安政来到银川，从事贺兰砚的雕刻及创作。

潘安政说："歙砚雕刻技法体现在线条上的特点就是柔，特别适合展现人物、云纹、水纹等。"来到宁夏后，他把歙砚的技法运用在贺兰石上，同时也学习了贺兰砚的"俏色"等技法，形成了自己的特点。

2014年，潘安政有缘正式拜在中国工艺美术大师石飚先生门下，聆听大师的教诲，学习大师的创作理念和技法。经过10余载的不懈努力和摸索，在积极与北方砚界大师和全国同行的交流学习过程中，创作思路更加开阔，砚雕技艺水平快速提高，逐步形成了自己的风格。

潘安政的作品同时拥有南方砚的俊秀和北方砚的厚重，创作的山水、人物、花鸟各具妙道，意趣不同，皆有其独到之处。更善于写意，将抽象的事物运用巧妙的手法，表现在贺兰石的双色之间，使作品古朴大气，趣味横生，又耐人寻味。多年来，《丝路情怀》《宝钗扑蝶》《荷香》《牧羊图》等一系列作品得到了同行的认可和收藏家的喜爱。

2013年，作品《可爱的考拉》等收录于岭南美术出版社出版的《砚叔》一书中。同年参加中国工艺美术大师作品暨国际艺术精品博览会（武汉），获得"2013国信·百花杯"中国工艺美术精品奖银奖。2022年，与张楷文共同的《走进非遗——砚内砚外》在"非遗进万家文旅展风采"宁夏黄河流域非遗讲解大赛中获得传承组金牌。

从业以来，潘安政先后到河北、宁夏等地担任专业砚雕技师，授徒众多，为易砚、贺兰砚的发展和繁荣做出了一定贡献。这就是艺术与传承的力量，这方寸之间的执着，造就了潘安政的匠心传承。

15.魏志刚：紫绿相间，相得益彰

左右逢源

规格：25厘米 × 23厘米

简介：寓意做事得心应手，事事顺利。

大漠风光

规格：28厘米 × 19厘米

简介：写实雕刻，展现了大漠“天高任鸟飞”的景色。

魏志刚，男，1985年出生于黑龙江省，大学专科学历，宁夏艺术职业学院艺术设计专业毕业，中国农工民主党党员。现为自治区级贺兰砚制作技艺传承人，高级工艺美术师，宁夏工艺美术大师，银川市学术技术带头人，银川市西夏区贺兰砚协会副秘书长。

2000年，魏志刚跟随郝延强、蒋喜文学习贺兰砚制作技艺，从业已有20多年。他先后在西夏区军马场、贺兰山农牧场开设贺兰砚制作技艺工坊，并在西夏区军马场、贺兰山农牧场和宁夏工商职业技术学院培训学徒110人次。

魏志刚的刀法犀利独特，作品多用薄意、浅浮雕、圆雕等手法，利用天然石材来俏色，彰显错落有致的完美画面，具有粗犷与细腻强烈的对比。粗犷不失细腻、古朴不失灵气，圆润饱满，浑然天成，紫绿相间，相得益彰。主雕花鸟类，尤以雕荷花见长。作品《映日荷花》彰显出他独特的风格。

魏志刚作为贺兰砚制作技艺代表性传承人，在积极传承的同时，依托辖区丰厚的传统文化资源，并汲取中国端砚、歙砚、洮砚、澄泥砚等砚界名家之长，设计制作富有宁夏地方特色的作品近千件，并积极主动承担非遗传承人的责任与义务。

16.张纪伟：师承夫家砚台雕刻制作技艺

老鹰

规格： 26厘米×16厘米×8厘米

简介： 象征着自由、勇猛、力量、胜利，寓意勇往直前的精神。

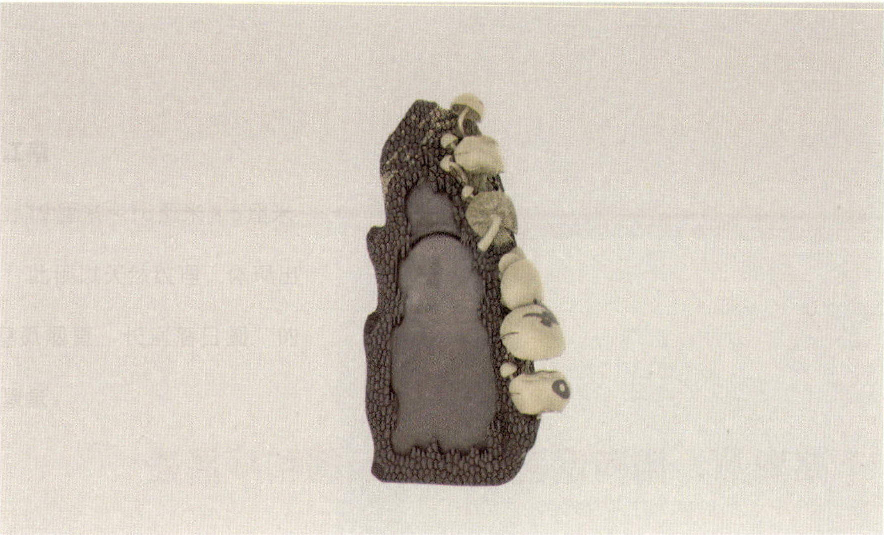

蘑菇

规格： 28厘米×16厘米×11厘米

简介： 寓意源源不断、时来运转、意外来财。

张纪伟，女，汉族，出生于1977年，宁夏回族自治区银川市永宁县人，毕业于永宁县胜利中学，师承夫家家族砚台雕刻制作技艺。开办永宁县纪伟砚台厂，专门从事贺兰石砚的研发、设计、制作和销售。

作品线条流畅柔美，刀工细腻，技艺精湛，注重实用。2010年，在银川市西塔开工作室和直营店。作品《山水砚》获得第一届西北非物质文化博览会银奖。《牡丹花砚》获第二届西北非物质文化博览会金奖。《黄鹤楼砚》获银川市贺兰砚制作技艺大赛精品展二等奖，其他作品多次荣获一、二、三等奖。2014年，被评为银川市市级非物质文化遗产项目（贺兰砚制作技艺）代表性传承人。2015年10月，贺兰砚产品获宁夏特色旅游商品荣誉称号，作品《浴牛图》获入围奖。2016年，开始研发制作根雕茶盘系列产品。2019年10月，在“银川市金秋贺兰砚制作技艺传承成果技艺大赛”中获优秀传承人奖。2021年1月，被评为自治区级贺兰砚制作技艺传承人。

17.赵海燕：用荷塘美景寓意祖国和平昌盛

祥云如意

规格： 26厘米 × 16厘米

简介： 象征着勇气和吉祥，青云直上、事事如意。

福眼寻古

规格：23.5 厘米 × 15.5 厘米

简介：寓意万事顺利，福气到来，平安健康，前程似锦，幸福美满。

赵海燕，女，汉族，出生于1984年9月，2003年旅游管理专科毕业，后继续学习深造工艺美术专业。2005年，入职宁夏伟帝珍品有限责任公司。2013年，创办了自己的美术雕刻工作室（吉砚珍品）。现为西夏区级贺兰砚制作技艺非遗传承人、工艺美术师，宁夏残疾人手工艺师行业协会监事，贺兰砚协会会员，工艺美术协会会员。

赵海燕从小爱好美术及绘画，因为机缘巧合认识并拜宁夏一级工艺美术大师、自治区级代表性传承人王辉为师，学习贺兰砚制作技艺。经过王辉老师八年的技艺传授和自己不懈努力，赵海燕掌握了雕刻的各种技法，并选择长期从事非物质文化遗产贺兰砚制作技艺项目研究、设计、开发。

赵海燕在作品选料上十分考究，并根据砚石的形状和纹理因材施艺，追求意境，形成了自己独特的艺术风格。作品多次被国内外名家收藏，并获得多个艺术类奖项。赵海燕对禅意方面的设计比较感兴趣，获奖作品《荷趣》《禅道》都是她比较喜欢的。《荷趣》选用贺兰石后山老料，整体设计图案雕刻为立体荷花，砚台采用多彩圆雕、浮雕、镂雕等各种雕刻技法。将石头本身的多彩颜色应用到极致，利用石头本身的绿彩雕刻立体荷花，使整体雕刻画面更显生动，整体砚堂用红刚表达，生动地表现出月色映照下的荷塘美景，也寓意祖国和谐繁荣、和平昌盛。

她在自己创业的同时还积极传承带徒，2008年至2021年与各级残联、工会、街道举办贺兰砚雕刻技能培训班，累计培训1000多人次；现带学徒7人，其中残疾学徒5人（王启帆、张辉、贾君健等）。赵海燕认为残疾人作为非遗最后的守备者，也是最需要社会大众去关注的群体。她希望可以传授给他们贺兰砚制作技艺，更希望贺兰砚雕刻技艺能作为他们养家糊口的根基。

非遗传承之路任重而道远，赵海燕希望贺兰砚发展与技艺传承之路越走越好。

18.刘正豹：懵懂的学徒，有了自己的艺术风格

怡情

规格： 18.2 厘米 × 11.2 厘米 × 4.2 厘米

简介： 作品为常规的长方形扣盖砚，分为主砚和砚盖，研墨扣盖后久而不干。砚盖上的纹饰利用豆绿色用浮雕技法精雕传统古代侍女人物，展现其抚琴的诗情画意。主砚形制开阔，实用。

祥瑞砚

规格： 14.6厘米 × 3厘米

简介： 作品为圆形制式，石质细腻，色彩丰富。砚台正面砚额以豆绿雕刻流畅的云纹，紫色螭虎游附于云中；砚台背面刻有仿古龙纹玉璧。作品整体饱满，线条流畅，实用性强，寓意祥瑞和谐。

刘正豹，1972年12月出生于宁夏中卫，大专学历，高级职称，从事设计制作砚雕20多年。宁夏一级工艺美术大师，银川市高精尖人才，银川市级非物质文化遗产代表性传承人，宁夏工艺美术协会副秘书长，宁夏砚文化研究会副会长，中国民协砚委会理事。

刘正豹自幼喜爱书法、绘画。1992年，因一次偶然机会接触到一件用寿山石雕刻的台灯座，便对雕刻产生了兴趣。1994年，到解放街工艺大楼看到了雕刻精美的贺兰砚后为之一振，顿时兴趣又一次大涨。1995年，机缘巧合认识了刘阿宝老师，初步了解了贺兰石雕刻，从此开启了学习、设计、雕刻贺兰石之路。后师从闫家砚第四代传人闫森林老师，几十年如一日刻苦学习及磨炼，从一个懵懂的学徒逐步成长为一个熟练的砚雕技艺传播者，并形成了自己的砚雕艺术风格。

2011年10月，作品《印迹》在“中国宁夏贺兰石（砚）设计创意大赛”上获铜奖，该作品使用了他首创的贺兰砚泥土干裂的特殊处理技法，此技法被自治区内外同行多次效仿。2012年3月，作品《雨润》获中国工艺美术国家级最佳作品奖。2013年10月，作品《生机勃勃》在全国精品砚评选中获银奖。2014年10月，作品《力量》获“中国原创·百花杯”中国工艺美术精品奖银奖。2015年11月，作品《美猴王》获“2015百花杯”中国工艺美术精品奖银奖。2016年5月，作品《知足常乐》在深圳获得“中国工艺美术文化创意奖”银奖。2016年10月，作品《雨露》获得“2016百花杯”中国工艺美术精品奖金奖。2017年12月，作品《祥瑞砚》在第六届全国精品砚台评选中获得一等奖。作品《太白醉酒》《印迹》被宁夏博物馆收藏并展出。

刘正豹在用刀上讲究细腻，在雕刻技法上用到了深浮雕、浅浮雕、镂空雕、薄意雕线刻等，不论是浅浮雕还是深浮雕，都结合薄意雕刻分前、中、后等层次背景，生动、立体地将设计好的图案纹样表现了出来。

19.崔小录：去繁从简，守好初心

二龙祈福1

规格：38.5 厘米 × 35 厘米 × 8 厘米

简介：寓意鸿运当头。此砚采用上等贺兰石后山老坑料极品红运石（俗称红刚石）。传统手工精雕细琢而成，在打磨工序中采用了玉石抛光的工艺。龙是我们中华民族几千年传统的象征，是祥瑞之物，砚池开出来后呈现天然的红色祥云，整方砚构成二龙祈福、鸿运当头的画面。

二龙祈福2

规格：22厘米×49厘米×6.8厘米

简介：此砚采用上等贺兰石后山老坑料极品红运石（俗称红刚石）。传统手工精雕细琢而成，在打磨工序中采用了玉石抛光的工艺。龙是我们中华民族几千年传统的象征，古有见龙乃祥瑞之兆，砚池开出来后呈现天然的红色祥云。砚上方呈现一天然活眼，十分难得且珍贵。

崔小录，1983年出生于河北易县（雕刻之乡）。现居宁夏贺兰县。宁夏工艺美术大师，中国民间文艺家协会会员，宁夏工艺美术协会常务理事，中国民协砚委会理事，中华砚文化联合会会员。

1998年师从父辈学艺，2002年来宁夏从事贺兰砚至今，是贺兰文创基地引进的（国家级非遗项目）贺兰砚创作技艺传承人。在县政府及相关部门的支持下，于2020年7月投资建成贺兰砚艺术馆及贺兰砚创作室，传承发展贺兰砚文化。曾多次代表宁夏赴浙江、上海、北京、河北、西安等地参加国内大型展览文博会活动，作品得到社会各界人士的喜爱及关注。

2002年，来银川制作贺兰砚，创办小录砚雕艺术工作室及崔氏砚阁艺术品店，并带徒多名，传授贺兰砚雕刻技艺。其作品构思巧妙，意境深远，花草、人物写实与写意完美结合，让人叹为观止。多年来，在“相石”和“俏色”方面感悟颇深，经多年研究制砚，创作了大量不同题材的贺兰砚，并形成自己的雕刻技法，擅长俏色、立体、镂空等雕刻技法。作品表现细腻，刀法干净利索，以俏色巧妙为特长。有人这样评价崔小录的砚雕作品：他的作品随彩造形，整方砚台画面绿紫分明，互相衬托突出主题，在粗凿细琢中挥刀传神。

现在的崔小录，常会想起最初来到银川的那些日子：“我来银川时，就带了几件衣服和200多把刻刀。那几年就是一个人刻石头，将刻好的砚台拿到西塔卖。”

从2008年开始带徒弟，如今，在崔小录的培养下，有几位徒弟已经成了非遗传承人，也有了自己的工作室。说起这些，他很是骄傲。手艺需要传承，需要不断创新，崔小录深知还有很长的路要走。他说：“从做造型复杂的砚台，到现在更喜欢用简单的画面来表达意境，我想人生也是这样，应该去繁从简，守好初心。”

20.崔云雷：远处山峦起伏，近处小桥流水

鱼砚

规格：18厘米 × 12厘米 × 3.5厘米

简介：利用天然石眼，采用象形手法雕刻而成，寓意年年有余。

比翼双飞

规格：21厘米 × 13厘米 × 4厘米

简介：作品选用贺兰石前山料，雕刻题材选用传统荷叶、鸳鸯，寓意百年好合、比翼双飞。

崔云雷，1987年出生于河北易县。家乡盛产易水砚，从小对砚台情有独钟。2003年从事易砚雕刻，2006年跟随父亲来到银川制作贺兰砚。通过不断的展演交流、观摩学习，总结出一套以宋代工笔山水为范本的微雕手法。作品从选石、下料、制坯、设计到雕刻、磨光、上蜡等，每一道工序都严格遵从传统雕刻技艺，细心雕琢、认真操作。

2014年6月，作品《春台明月》在银川市贺兰砚制作技艺大赛精品展中荣获优秀奖；2015年5月，作品《江山如画》在首届“文化银川”贺兰砚创意雕刻技能大赛上荣获一等奖；2015年11月，作品《春台明月》被中华炎黄文化研究会砚文化联合会评为优秀奖。2016年2月，被河北省砚雕行业协会、河北省工艺美术协会、河北省文房四宝协会评审通过，荣获“河北省砚雕艺术大师”荣誉称号。

崔云雷在创作中将工笔画的章法严谨、刻画细微的特点，融入贺兰砚雕刻当中，屏息静气，一丝不苟，对微小物体进行精雕细刻，所用到的刻刀也极为小巧，多为几毫米宽，有的甚至几微米。雕刻的作品宛如一幅秀丽的工笔山水画，远处山峦起伏，近处小桥流水、亭台楼阁，采用微雕技术并结合易水砚的浮雕、透雕手法，呈现出纤秀细腻的线条之美和细节之美。作品巧妙利用贺兰砚的天然色彩，褐紫为山，豆绿如水，相互映衬，独具巧思。为了精进技艺，不断突破，于2016年拜中国工艺美术大师石飚先生为师，成为闫家砚第五代传人。在师父的指导下，又掌握了花鸟人物及祥龙瑞兽等传统题材的雕刻技法，技艺日益精湛。作品屡获区内外奖项，深受大家好评。

21.哈东：非遗进校园，资源共享、优势互补

庆寿

规格：15.5厘米×22.5厘米×4.5厘米

简介：以八仙中的暗八仙为元素创作的一方吉祥庆寿素砚。

和美

规格： 23 厘米 × 28.5 厘米 × 5 厘米

简介： 作品以荷花为题材，利用贺兰石俏色雕刻，寓意和和美美。

哈东，1989出生于宁夏银川，中共党员，工艺美术师，第五批银川市级非物质文化遗产贺兰砚制作技艺代表性传承人。

上初中时接触到贺兰砚，开始自学简单的贺兰砚雕刻技法。2009年，进入宁夏职业技术学院实用工艺美术系，系统学习贺兰砚雕刻技艺。2011年，参加中国工艺美术协会举办的“2011年漆器艺术高研班”。毕业后进入宁夏郝氏雕刻有限公司，跟随自治区级贺兰砚代表性传承人郝延强学习贺兰砚雕刻，成为郝氏雕刻的第五代传承人。

2011年，作品《朱雀砚》被宁夏博物馆永久收藏；2012年，荣获国家励志奖学金5000元；2017年，哈东工作室被西夏区人民政府授予“西夏区优秀贺兰砚工作室”银奖；2018年，作品《和美盛世》荣获“宁夏贺兰砚精品展”银奖；2019年，经自治区工艺美术系列职称评审委员会评审通过“工艺美术师”任职资格；2020年，参加由银川市文化体育旅游广电局主办的“贺兰砚文化旅游商品创意大赛”，作品《西夏时刻》获二等奖；2020年，与宁夏工商职业技术学院合作设立工作室，开展产教合作，非遗进校园，资源共享、优势互补，实现双赢模式。经常参加银川市非物质文化遗产保护中心的培训和交流展演活动；2020年，入选全国首届砚雕工职业技能竞赛决赛优秀选手；2021年，成为第五批银川市级非物质文化遗产贺兰砚制作技艺代表性传承人。

哈东雕刻技艺日渐娴熟，熟练掌握深雕、浅浮雕、薄意雕、线刻等多种手法，最擅长利用贺兰石独特的天然俏色雕刻千姿百态的荷花形态。作品构思巧妙，设计大胆独特，线条流畅，充满自然情趣。

从业十几年，先后带徒十几人，徒弟孙红梅在银川市贺兰砚文旅商品创意大赛中获得三等奖。哈东坚持继承和创新相结合，致力于贺兰砚制作技艺的推广和传承。

22.洪潮：贺兰砚是宁夏的一张文化名片

空山新雨后

规格： 35 厘米 × 22 厘米 × 5 厘米

简介： 此砚采用贺兰石后山老料精雕而成，砚堂、砚池和周围的山水融为一体，无明显的界限，给人新奇的享受。采用传统的吉祥山水画布局，以刀作画，意境深远。

仁者寿

规格： 22 厘米 × 14 厘米 × 4 厘米

简介： 此砚背部利用笔架峰红刚的自然造型和白彩之间的云纹图案，巧雕而成。砚正面采用传统的吉祥云纹图案，与传统的砚堂、砚池相结合，集观赏与实用于一体，是一方不可多得的收藏精品。

洪潮，字小林，1981年出生于银川市金凤区，祖籍安徽歙县。中国民协砚委会理事，银川市级非遗传承人，银川市学术带头人，宁夏工艺美术大师，贺兰砚协会常务理事。

1997年，拜安徽省工艺美术大师吴国水为师，学艺三年余初窥砚道。2001年，前往屯溪老街制砚，遍习歙砚各大家的风格和制作技艺。2003年，一个偶然的机会，来到银川雕刻贺兰砚，从此和贺兰砚结下了不解之缘。2008年，其作品《老子演教》被宁夏回族自治区政府选送北京祝贺奥运会开幕。2010年，在西夏区原江南小区创办工作室。2013年，中国工艺美术协会授予“国信·百花杯”中国工艺美术精品奖“银奖”。2014年，在银川文化城创办德砚斋店。2014年，受国家级贺兰砚制作技艺传承人闫森林赏识收为入室弟子，学习贺兰砚传统技艺，并向周云峰、郝延强等贺兰砚雕刻名家求教贺兰砚俏色雕刻技法和传统技法。在学习过程中，洪潮融入歙砚的薄意雕刻、线刻与浅浮雕刻技法用于贺兰砚创作，把本身色彩丰富的贺兰石利用得淋漓尽致。作品赏心悦目、意境深远，给贺兰砚创作增添了新的活力。2016年，在第十二届民俗文化展示周·宁夏贺兰砚精品展中获一等奖。2020年，被认定为贺兰砚制作技艺西夏区级代表性传承人。

多年来，洪潮积极参与全国各地的砚雕艺术交流展示活动，不断思索钻研，使自己的创作构思和砚雕技艺更上一个新台阶。他还积极参与带徒传承贺兰砚雕刻技艺，培训贺兰砚雕刻人员，手传心授百余名学生徒弟，使他们的技艺水平逐渐提高、成熟。

洪潮认为贺兰砚作为宁夏地区最重要的一张文化名片，尤其是贺兰砚入选国家级非物质文化遗产以来，它的知名度也大幅提升，其独特的材质和与时俱进的技艺，一定会迎来更好的传承和发展。

23.侯瑞菊：让优秀的传统文化深入普通大众

荷塘月色

规格： 22 厘米 × 16 厘米 × 5 厘米

简介： 此方砚展现的是月光下荷塘的景象，用“荷”与“月”营造出如诗如画的意境，同时也象征着高洁的品质，寓意对美好生活的向往和追求。

瓜瓞绵绵

规格：20厘米×10厘米×3厘米

简介：此方砚采用的是贺兰山后山石，因其天然的俏色纹理似瓜，因此雕刻瓜形砚，故名瓜瓞绵绵，有后代绵延不绝、家族旺盛之意。

侯瑞菊，女，1989年7月出生于宁夏固原市，大专学历，现定居银川。中国文房四宝协会会员，宁夏工艺美术协会会员，银川市西夏区贺兰砚协会理事，国家级非物质文化遗产项目，贺兰砚制作技艺（银川市级）代表性传承人，工艺美术师。

自幼受父亲影响开始学习雕刻。2009年8月，进入宁夏职业技术学院学习贺兰砚设计与制作专业，全面系统地学习了素描、速写、中国工艺美术史等相关专业知识，并进行泥塑、漆画制作、篆刻等实践操作，为今后贺兰砚雕刻打下了坚实基础。师从自治区级贺兰砚制作技艺代表性传承人郝延强、郝银霞，成为郝氏砚雕第五代传承人。

2011年4月，参加“2011年漆器艺术高级研修班”；12月，作品《壶口畅想》被《2011传统工艺美术保护国家级培训漆艺 · 砚雕》一书收录，同时也被宁夏职业技术学院作为礼物赠予泰国宋卡王子大学。作品《玄武砚》捐赠宁夏博物馆并被收藏。2016年3月，《真善美百字砚》荣获“2016年宁夏贺兰砚大师精品展”特别金奖，《金兰砚》荣获二等奖。2019年10月，论文《浅谈银川贺兰砚之雕刻制作技艺》被天津人民出版社《艺术大观》收录。为积极响应文旅号召，多次带作品参加非遗进校园、进景区等活动。2020年9月，参与并协助西夏区贺兰砚协会2020年全国职业技能竞赛宁夏预赛区砚雕比赛的工作。2021年11月，担任由西夏区文体旅游局组织的非遗传承人防疫志愿者。2022年1月2日，参加由银川市西夏区文化旅游体育广电局主办、西夏区非遗中心承办的“非遗过大年 · 文化进万家”非遗进万家视频录播活动。

在从业的10余年里，授艺传承，带徒20人。雕刻内容多以花鸟、鱼虫、写意为主，在传统工艺的基础上融入了现代设计，刀法娴熟、干练、细腻，充分利用贺兰石丰富的色彩俏色来表现作品的内容。受中国传统文化的熏陶，擅长手工浅浮雕刻、俏色雕刻，作品以仿古砚、素砚、云蝠砚等为主。

侯瑞菊认为自己作为贺兰砚传承的一代新人，将以更高的文化自觉传承这门古老的传统技艺，让优秀的传统文化深入普通大众，焕发新的活力。

24.李成：用所学创作出有社会价值的好作品

青花魂

规格： 28厘米 × 28厘米 × 3.5厘米

简介： 作品根据原石天然图案、火燎纹色彩的特点，设计了青花瓷经过烈火淬炼、升华的过程。

红旗漫卷西风

规格： 27 厘米 × 18 厘米 × 3 厘米

简介： 作品采用浅浮雕、薄意雕、书法镌刻等技艺，描绘了红军翻越六盘山高峰的场景，展现了毛泽东及其率领的中国工农红军不畏艰难险阻、胜利完成长征的英雄气概。红旗飘扬在高高的六盘山顶，烘托出红军将士的胜利喜悦，表达了他们誓将革命进行到底的豪情壮志。

李成，出生于1970年3月，宁夏人，字璞石，号紫砚轩主。高级工艺美术师，宁夏一级工艺美术大师，中国工美行业优秀技艺人员，银川市级非物质文化遗产项目贺兰砚制作技艺代表性传承人，中国工艺美术协会会员，中国民间文艺家协会会员，宁夏工艺美术协会副秘书长。

李成自幼爱好绘画、篆刻。1989年7月，进入“银川宁园工艺标牌厂”拜师管建军师傅学习雕刻技艺、工艺品制作，先后于宁夏蓝天工艺品厂、宁夏旅游局工艺品厂从事工艺品开发设计、创作工作。2008年9月，在银川文化城创立“银川市金凤区紫砚轩”，从事贺兰砚制作及销售。现为职业砚雕、琢玉、篆刻人。他收徒包会静、杜晓云、许西宁等人，教授雕刻技艺，传承贺兰石制作技艺至今已有30多年。

2011年10月，作品《福在人间》被宁夏贺兰砚博物馆永久收藏。2011年12月，被自治区政府相关部门授予“宁夏一级工艺美术大师”荣誉称号。2016年8月，作品《书卷贺兰砚》被宁夏博物馆永久收藏。2016年12月，被中国工艺美术协会授予“第一届中国工美行业优秀技艺人员”荣誉称号。2018年9月，于宁夏书画函授专修学院书法、国画专业毕业。

“砚内功夫砚外补”，学习雕刻不是简单的会动动刀就行了，而是要深入融合文学、书法、绘画、音乐等艺术知识。李成不断提高自己的设计创新能力，运用自己所学知识创作出有文化内涵、有社会价值的好作品。李成擅长写实与写意相结合的雕刻技法，巧妙利用石材的天然色、材质机理的特性，局部施以人物、楼阁、山水雕琢，刀法干净利落、流畅，独具风格。主要代表作品有《塞上江南之宁夏版图》《烟雨萧山寺》《晚归西渡西桥》。作品多次获得国家级、省级奖项，得到了收藏家、广大爱好者的赞誉。

25.马增强：开发更多具有地域性的贺兰砚

塞上江南

规格：19 厘米 × 16 厘米 × 5 厘米

简介：此砚以天然纹理，体现出“大漠孤烟直，长河落日圆”的自然景象。

多子多福

规格：21 厘米 × 14 厘米 × 4 厘米

简介：作品表现了一种蓬勃的朝气，不仅象征着丰收之意，而且也预示着事业、学业和职场上的蒸蒸日上。

马增强，1977出生于河北省易县。自幼受父辈们的熏陶，毕业后随父学习砚雕技艺。一次偶然机会结识了砚界一位收藏家，参观藏品时偶尔发现一方特殊砚种，紫绿相间，高贵大气，据收藏家介绍砚种产于宁夏贺兰山，甚是喜欢。

1996年，受聘于宁夏地矿局金石工艺公司，任贺兰石砚雕技师，其间得中国工艺美术大师石飚的悉心指导，对贺兰石的雕刻有了更深层次的领悟。2000年，创办工作室——金石缘。2011年，参加中国工艺美术协会和宁夏轻纺厅联合举办的全国贺兰石设计创意大赛，作品《晨妆》被宁夏贺兰石博物馆永久收藏。

2014年，参加北京文化干部管理学院中国工艺美术高级研修班，深造学习。2016年，任宁夏工艺美术协会常委理事，同年金秋被河北省砚雕协会任命协会副会长。2019年，被授予宁夏工艺美术大师。2021年，被认定为贺兰砚制作技艺银川市代表传承人。累计传艺百十余人，其中大部分徒弟分布全区并从事贺兰砚相关产业。

其作品擅长以浮雕、透雕、薄意刀法雕刻，特别对大型贺兰石雕刻有着自己独到的见解。代表作《腾飞中的大中华》于2013年被宁夏地质博物馆永久收藏。从事砚雕30余年，作品多次荣获全国行业大赛殊荣。

马增强认为做一个传承人，要积极提高创新能力，开发更多具有地域性、民族性与传统特点的贺兰砚，积极探寻贺兰砚雕刻技艺传承与发展的新途径。

26.王亮：把不同派别的众多技法融入贺兰砚

塞上江南

规格：25厘米×41.5厘米

简介：宁夏平原为中国水稻集中产区之一，且河湖众多，颇似江南风光，有“塞上江南”之称。

虎虎生威

规格：25厘米×22厘米

简介：老虎象征着权威，寓意着吉祥。

王亮，宁夏工艺美术大师、贺兰砚制作技艺西夏区级传承人、宁夏砚文化研究会副秘书长、西夏区贺兰砚协会会员、宁夏工艺美术协会会员。

1984年出生于河北省易县。河北易县的易水砚远近闻名，素有“南端北易”之美称，迄今有1800年历史。王亮自幼受家乡老艺人“刘进来”先生的启蒙，对砚台的雕刻产生了浓厚的兴趣。

2002年，王亮来银川在马泽春先生开办的兰苑工艺制品厂开始学习贺兰砚制作技艺。这期间，他刻苦努力、勤奋好学，又因儿时的耳读目染，成功把易水砚和贺兰砚不同的雕刻技法结合起来。为了提升技艺，于2016年拜入中国工艺美术大师石飚先生门下。同年和妻子王冰甜共同创办了“砚雅堂”。

入行以来，经过多年的潜心学习钻研，先后远赴各地学习交流，技艺水平得到了很大的提升。先后授徒20余名，为贺兰砚雕刻技艺的发展和传承做出了贡献。其作品更是深受各界收藏人士的追捧和喜爱，获得奖项共10余项。2019年，经第三届宁夏工艺美术大师评审委员会审定，授予王亮“宁夏工艺美术大师”荣誉称号。2019年12月31日，王亮同志荣获“西夏区优秀传承人”称号。2020年12月19日，宁夏回族自治区人力资源和社会保障厅自治区工业和信息化厅授予其“工艺美术师资格”。

王亮在宁夏贺兰砚雕界成为后起之秀，擅长立雕、透雕、浮雕、镂空雕等技法，善于巧妙运用贺兰石的天然石眼、石线、玉带等特点来俏色、结合使用不同派别的技法，使作品活灵活现。在雕刻的众多作品中，以鹰为题材的作品极为突出，鹰有“泰山压顶不弯腰，惊涛骇浪不低头”的顽强精神，其独特的雕刻技艺展现出大鹏展翅的恢宏气势，形态更是栩栩如生，细节刻画游刃有余，在宁夏贺兰砚砚雕界形成了自己独特鲜明的风格。

27.徐楠：读万卷书，行万里路，刻一方砚

鸣春

规格：15 厘米 × 15 厘米

简介：砚台选用贺兰石后山石，石质细腻，利用四层平彩雕刻出栩栩如生的孔雀，利用天然石眼雕刻眼睛，羽毛透而不漏。作品寓意春暖花开，百鸟鸣春，一片生机盎然。

童年

规格：25 厘米 × 22 厘米 × 5 厘米

简介：图案描述姐弟俩上山割草回来途中在池塘边休息的场景，姐弟依偎在一起，情意满满。

徐楠，女，1986年出生于宁夏银川，闫家砚第五代传承人，宁夏二级工艺美术大师，工艺美术师，银川市学术技术带头人，银川市级贺兰砚制作技艺非遗传承人。师从母亲闫淑丽女士，自幼看着外公闫子洋及母亲雕刻砚台，听母亲讲述外公上山背石料的故事。自懂事起就帮助母亲做一些力所能及的活，如打磨石料，再大一些就开始学习一些简单的雕刻。

徐楠深知石材的来之不易，所以在制砚时格外仔细，反复斟酌，充分利用材料，争取做到最好效果。在这种理念的长期熏陶下，惜料、惜彩，精工细做，力争每一块料都能用得恰到好处，这样就渐渐形成了注重“相石俏色”、精雕细刻的“闫家砚”风格。

其作品先后获得“2016百花杯”中国工艺美术精品奖铜奖、“2016年宁夏贺兰砚大师精品展”二等奖、“银川市金秋贺兰砚制作技艺传承成果技艺大赛”三等奖、“壮美70年美丽新宁夏·庆祝新中国成立70周年书法美术摄影民间工艺作品展”优秀奖等。

徐楠的作品更偏向于简约的风格，更注重意境的营造：农家小院里的闲适、静谧；一片荷叶、一个莲藕，都能成为一个匠心独运的把件。作为制砚行业中为数不多的女性，她为砚雕手艺注入了柔和而又坚韧的内涵。读万卷书，行万里路，她希望以后能创作出更多的好作品，使这宝贵的国家级非物质文化遗产贺兰砚制作技艺传承下去，为中华文化、中华文明增辉。

28.许中敬：砚内功夫砚外求

知音砚

规格：26 厘米 × 14.5 厘米 × 4 厘米

简介：此砚选用后山老坑石雕琢而成，充分利用了俏色手法改变石头的质感，使作品呈现出紫色的布袋中放置着一把翠绿色的琴的效果。

蘑菇砚

规格：22厘米 × 13.5 厘米 × 6厘米

简介：整砚略近长方形，二寸余厚的绿彩十分罕见，砚身以腐朽树桩为造型，砚堂呈一树桩面，柔润光滑，丝纹清晰，自然酷俏，极富质感。大蘑菇上面一只蜗牛伺机移动，它是发现了蘑菇下面的同伴，又或者是感到了天敌的威胁，令人玩味。

许中敬，1985年7月出生于山东省单县，1987年随父母移居宁夏银川市。现为宁夏工艺美术协会常务理事，国家级非物质文化遗产贺兰砚制作技艺银川市级传承人，中国民间艺术家协会会员。

2000年，跟随师父林庆华先生学习贺兰石砚的设计与制作，逐渐掌握了制砚要领，对于俏色、镂空等技法的运用得心应手。多次参加省内外非遗活动，取得了较好的成绩。后就读于宁夏艺术职业技术学院贺兰砚设计与制作专业。

2007年，作品《云龙笔洗》被《中国辽砚》一书收录，并刊为封面。

2011年5月，赴苏州参加中国工艺美术协会国家级培训。2011年10月，参加中国宁夏贺兰石砚设计创意大赛，荣获贺兰杯入围奖，作品《七星螭虎砚》《汉代龙碧砚》《三足椭圆形砚》《松花石老砚》捐赠给宁夏贺兰砚博物馆，现被宁夏博物馆收藏。同年11月被评为宁夏自治区“二级工艺美术大师”称号。

2013年6月，师父林庆华拜入闫家砚第四代非遗传承人闫森林门下，成为闫家砚第五代传人，许中敬则成为闫家砚第六代排序第一的传人。11月，在武汉第十四届中国工艺美术大师作品暨国际艺术品博览会上，作品《蘑菇砚》和《螭虎砚》，分别获得中国工艺美术最高奖——“百花杯”金奖、铜奖各一枚，创造了宁夏贺兰砚参赛“百花杯”历史最好成绩。2015年，在第六届中国民间艺人节上被评为“最受欢迎民间艺术家”。

许中敬认为贺兰石色彩比较丰富，很适合俏色雕刻，若有成熟的构思加上精湛的技艺，是很容易出佳作的。他认为“砚内的功夫要砚外求”，无论是从业者，还是砚石雕刻爱好者，一定要多走、多看、多学，才能体会到贺兰砚深厚的文化内涵和价值。

29.黄治国：小荷才露尖尖角

和谐盛世

规格：21.5 厘米 × 13.8 厘米 × 4.5 厘米

简介：寓意祖国繁荣昌盛，人民和谐安康。

众星捧月

规格：12.5 厘米 × 19.8 厘米 × 4.5 厘米

简介：寓意在党的领导下，人民万众一心，一心向党。

黄治国，1990 年出生于陕西省清涧县，现定居于银川。中国文房四宝协会会员，宁夏工艺美术协会会员，中国工美行业艺术大师，宁夏首届工艺美术大师，中国石艺大师，山西省工艺美术大师，山西省陶艺大师。高级工艺美术师郝延强弟子，山西省非物质文化遗传代表性传承人惠东存弟子，2020 年师从中国工艺美术大师曹家勇。国家级非物质文化遗产贺兰砚制作技艺（银川市西夏区级）代表性传承人。宁夏郝氏雕刻有限公司培训室主任，宁夏回族自治区级贺兰砚保护传承基地与宁夏职业技术学院、宁夏广播电视大学校企合作实操、实训指导老师。银川市西夏区醉荷工艺品工作室砚雕构图及设计负责人。

2000 年，来宁夏银川市走亲时，初次接触到贺兰砚，他被雕刻艺术的魅力和感染力深深吸引，对深紫色与豆绿色的贺兰石产生了浓烈的兴趣。2004 年，初中毕业，随故乡木雕艺术家学习绘画与速写。2005年，毅然决定来到郝氏砚阁，从此便开始了砚艺之路。经过多年努力，创办了自己的工作室。

2011年10月，作品《和谐》捐赠给宁夏贺兰砚博物馆并被收藏。2013年，作品《荷塘意趣》《和也》，被岭南出版社出版的《砚叔》收录。2016年1月，作品《荷香》在宁夏贺兰砚大师精品展中荣获二等奖。2016年，参与制作的《真善美百字》《勇》荣获特别金奖。2017年9月17日，参加第四十届全国文房四宝艺博会，作品荣获“优秀参展作品奖”。2018年6月，宁夏贺兰砚精品展中，作品《平安和顺》荣获金奖。2019年5月20日，作品《秋荷雨露》在第十五届中国（深圳）国际文化产业博览交易会上获得“中国工艺美术文化创意奖”铜奖。2020年7月29日，作品《岩画象棋》在银川市贺兰砚文旅商品创意大赛中荣获二等奖并取得专利认证。

作品多以花鸟鱼虫、山水、瓜果为题材，其中最具特色的当数荷花系列。擅长手工浅浮雕刻、俏色雕刻等雕刻技法及贺兰石印章的篆刻技艺。在从业的10余年里，授艺传承，带徒10余人。

黄治国认为每一方贺兰砚的背后都有一个故事，从对砚台的选材、构思、雕刻到问世，这一过程繁复而又孤寂，这是属于传承人与砚台的对话。每一方砚台都有着传奇的艺术色彩与文化内涵，我们不只是手艺人，更是守艺人。

30.李伟：希望更多年轻人加入贺兰砚的行列

凤凰于飞

规格：17.5 厘米 × 10 厘米 × 3 厘米

简介：作品选材于贺兰石最为名贵的后山砚料，色泽纯绿，质地温润。画面以凤凰为主体，雕刻精湛，设计巧妙。寓意富贵美满，平安喜乐。

青铜古韵

规格：25 厘米 × 15 厘米 × 4 厘米

简介：作品取材于贺兰石前山砚料，石质温润细腻，为难得的好料。作品以青铜器的纹饰为主体，砚额雕刻饕餮纹。方形砚池实用美观。寓意祈福盛世，福耀华夏。

李伟，1991年出生于宁夏青铜峡，中共党员，2009年至2011年服役于中国人民解放军某部队。国家级非物质文化遗产贺兰砚制作技艺西夏区级传承人、宁夏工艺美术大师、中国民协砚文化委员会理事、西夏区贺兰砚协会会员、宁夏工艺美术协会会员、甘肃洮砚协会会员。

从小特别喜欢传统文化，一个偶然的机会接触到贺兰砚，被其精美的雕刻所吸引。后经人介绍拜师学习贺兰砚铭文的雕刻，对贺兰石雕刻技艺有了初步的认识。在不断的学习积累中，技艺有了进步，掌握了基本的雕刻刀法。

2009年，拜宁夏工艺美术大师郝延强学习贺兰砚技艺雕刻。2014年，拜甘肃省工艺美术大师马万荣为师，系统地学习洮砚雕刻技艺。2017年7月，在银川市非遗保护中心二楼贺兰砚传习所参加了“贺兰砚制作技艺传承培训班”并取得结业证书。2018年，参加中央文化管理干部学院举办的“第四届吴笠谷制砚艺术高级研修班”，同年到北京斫云楼砚雕工作室拜当代砚学大师吴笠谷学习砚台雕刻。2020年，荣获全国职业技能竞赛优秀选手。

李伟擅长仿古、花鸟、人物砚的雕刻，作品风格古朴典雅，具有浓厚的文人气息。刀法细腻，擅长表现圆刀线条的美感。“花如解笑还多事，石不能言最可人”，他也希望贺兰砚能够走得更远，有更多优秀的年轻人加入这个行列。

31.刘迁：把热爱坚持下去，就是最好的传承

贺兰魂

规格：21 厘米 × 12.2 厘米 × 5 厘米

简介：砚石色泽清雅莹润，选用远古岩画题材入砚，诠释出了“岁月失语，为石能言”。

清风雅荷

规格： 18厘米 × 11厘米 × 3.5厘米

简介： 石料质地细腻，俏雕的荷花、荷叶在微风中摇曳，栩栩如生，砚池散落片片荷叶，刻画出荷塘的静谧之美。寓意一团和气、和和美美。

刘迁，女，汉族，1990年5月出生，祖籍河北省保定市。1997年，迁至宁夏银川市西夏区，现定居西夏区贺兰山农牧场（军马场）。高中学历，中国文房四宝协会会员，宁夏回族自治区青联委员，宁夏工艺美术协会会员，中国工艺美术行业艺术大师，宁夏首届工艺美术大师，国家级非物质文化遗产贺兰砚制作技艺（银川市西夏区级）代表性传承人，宁夏回族自治区级贺兰砚保护传承基地与院校合作实习、实训、实操指导老师。

刘迁在机缘巧合下接触到了贺兰石雕刻作品，立刻被它独特的魅力所吸引。2003年至2006年，师从张彩云老师学习简单的雕刻，开始了贺兰石雕刻制作生涯的启蒙阶段。

2006年至2009年6月的寒暑假，向张彩云老师学习贺兰石雕刻制作技艺。主要学习雕刻人物砚、山水砚等基础手工雕刻制作技艺。2009年7月高中毕业后，在“银川市塞上雕刻工作室”师从魏志刚老师，主要学习荷花砚、鱼虫砚雕刻制作技艺。

2011年，参加第二届宁夏工艺美术大师评选，作品《荷花》被宁夏贺兰砚博物馆收藏。2013年至2014年底，又回到张彩云老师工作室，继续深造学习人物砚、山水砚等俏色雕刻制作技艺。

2015年3月至今，在“宁夏省级非物质文化遗产贺兰砚制作保护基地”跟随“首届中国工美行业艺术大师”郝延强老师系统地学习制作贺兰砚。主要学习传统手工浅浮雕刻，仿古砚、素砚、云蝠砚等，并学习牙雕机、抛光机、玉雕机等机雕制作技艺，及手工与牙雕机相结合的贺兰石雕刻制作技艺。

2020年6月，获宁夏黄河流域非遗讲解大赛铜牌讲解员称号（宁夏回族自治区文化和旅游厅颁发）。2020年7月，《塞上明珠》在银川市贺兰砚文旅商品创意大赛荣获二等奖（银川市文化旅游广电局主办）。2021年10月，《贺兰石挂件》在2021年“贺兰魂·黄河情”贺兰石雕刻大赛暨第二届银川市贺兰砚文旅商品创意大赛荣获二等奖（银川市文化旅游广电局主办）。

刘迁擅长俏色雕、薄意雕、线雕、浮雕等雕刻手法，将写实与写意相结合来展现作品的意境和魅力。她认为把自己热爱的事坚持下去，就是最好的传承。

32.孟凡丽：路漫漫其修远兮，吾将上下而求索

根

规格： 10.5 厘米 × 8 厘米 × 4 厘米

简介： 十年树木，百年树人。落叶归根，勿忘始终。

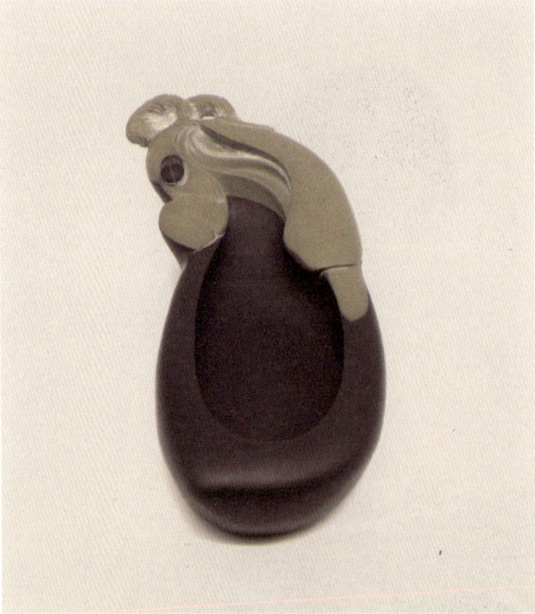

玉兰

规格： 12 厘米 × 7 厘米 × 4.5 厘米

简介： 报恩、真挚。寓意着忠贞不渝的爱情。

孟凡丽，出生于1990年。工艺美术师，北方民族大学绘画专业毕业。国家级非物质文化遗产（贺兰砚制作技艺）代表性传承人（区县级），宁夏自治区（二级）工艺美术大师银川市学术技术带头人，中国贺兰砚之乡西夏区贺兰砚协会副秘书长。从小便有艺术天赋，自幼学习绘画。

孟凡丽机缘巧合与贺兰砚邂逅并无法自拔地爱上了这看似冰凉却温润如玉的石头。她常常会讲起："看着其貌不扬的一块石头在我手上慢慢展露出它的模样，这种成就感就像母爱一般，更加让我欣喜的是，有人看到我的作品，听到我对手中这块石头的讲解，就和我一样喜欢上了贺兰石。"

作品多次获奖，如在"银川市金秋贺兰砚制作技艺传承成果技艺大赛"获得一等奖，在"2016年宁夏贺兰砚大师精品展"活动中获得三等奖。中国日报对其进行了专访《一块贺兰石的新生命："90后"小美女手工制砚向古人致敬》（*Craftswoman brings stones to life*）。

关于贺兰砚，孟凡丽有着很多自己的想法，她说繁复的制作过程不仅可以令其专注思考，静心悟道，更重要的是在浮躁的年龄、高速发展的当代，能找到这么一块儿净土实属不易。她将令贺兰砚承载着"90后"对生活的理解，将对当下时代的认知记录在这小小石块上作为己任。求学于宁夏闫家砚第四代传承人闫淑丽老师，从最基础的相石、找平开始一点一点学习，勤学苦练，日积月累，孟凡丽在贺兰砚这一行业迅速崛起，作品被广大爱好者收藏。

闫家砚一直坚持传统的制作流程，坚持纯手工制砚，用最上等的材料制作高品质的收藏砚台。这一点也是孟凡丽坚持的。

现如今，我国国泰民安，民族自信、文化自信增强，越来越多的年轻人都喜欢国潮国风，然而从事这一行业的高学历的“90后”却不多，更别说潜心学艺，传承和发扬了。非物质文化遗产的传承在当下这个高速发展的时代尤为艰难，因此更需要我们年轻人加入进来。我们是21世纪的新力量，弘扬和发展自己的热爱责无旁贷。“路漫漫其修远兮，吾将上下而求索”，对于年轻一代的非遗传承人还有大把的时间去探索和研究。薪火相传，一脉相承！期望更多年轻人加入非遗传承大军里来。

33.田秋泽：下定决心做一名贺兰砚雕刻者

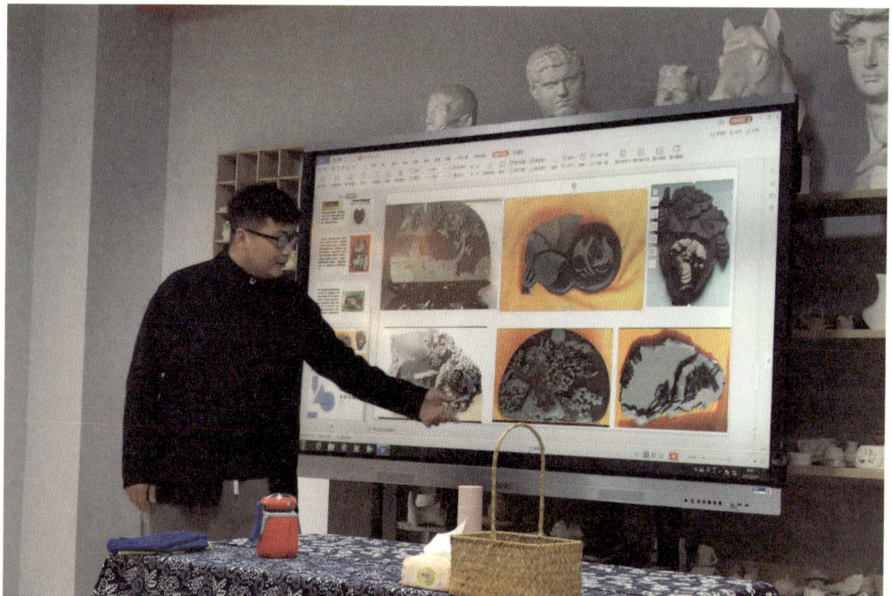

岁寒三友

规格：松 19 厘米 × 8 厘米，竹 19.5 厘米 × 12 厘米，梅 16.5 厘米 × 8 厘米

简介：岁寒三友由象征常青不老的松、象征君子之道的竹、象征冰清玉洁的梅三种植物组成。松、竹经冬不凋，梅花耐寒开放，因此有“岁寒三友”之称。

瓜瓞绵绵

规格：13 厘米 × 21 厘米

简介：寓意多子多福，万代长青。

田秋泽，男，宁夏工艺美术大师，西夏区级非物质文化遗产贺兰砚制作技艺传承人，宁夏职业技术学院实训实习基地砚雕专业导师，秋泽工艺品雕刻工作室创办人。

田秋泽有次来到宁夏银川探亲时观摩了贺兰石、贺兰砚，被贺兰石的清雅莹润、多姿多彩深深吸引，当时便下定决心留下来做一名贺兰砚雕刻者。

2008 年，来到宁夏银川市西夏区，跟随宁夏自治区级贺兰砚雕技艺传承人潘安政学习贺兰砚雕刻、设计。2012 年，担任银川市女子监狱少年犯贺兰砚雕刻传承导师。2016年，银川市西夏区文化体育旅游局认定其为西夏区非遗贺兰砚制作技艺代表性传承人。2017年，参加国家文化部非遗传承人群研培计划贺兰砚制作技艺项目传承人研修班。

2015年，成为宁夏工艺美术协会会员。2016年，成为宁夏砚文化研究会会员。2017年，参加银川市西夏区人民政府承办的第40届全国文房四宝艺术博览会。2018年，成为中国贺兰砚之乡银川市西夏区贺兰砚协会会员、宁夏工艺美术学会会员、中国民间艺术家协会砚文化委员会会员、宁夏民间艺术家协会会员。2019年，《山水情》荣获宁夏工艺美术学会首届优秀作品展金奖。2019年，被授予“宁夏工艺美术大师”荣誉称号。2021年，担任由银川市西夏区文化旅游局组织的非遗传承防疫志愿者。

田秋泽从业十几年，先后带徒二十几人，授课百余人，致力于贺兰砚制作技艺传承和推广。擅长浅浮雕、深雕、镂空雕，利用贺兰石独特的天然俏色雕刻山水、人物、花鸟、龙凤、瓜果等。

34.汪朝武：贺兰石是石中瑰宝

长征

规格： 18厘米×11.5厘米×3厘米

简介： 作品为庆祝中国共产党诞辰100周年创作。

果老骑驴乐逍遥

规格： 17厘米×25厘米

简介： 纷繁的世界让人感觉到无形的压力，作品表现出人性的本我。

汪朝武，出生于1982年，安徽省歙县人。宁夏工艺美术协会会员，贺兰砚协会会员，西夏区贺兰砚制作优秀传承人。

20岁开始拜师学艺，23岁来宁夏从事贺兰砚雕刻工作。2020年，被评选为初级工艺美术师。汪朝设计雕刻贺兰砚时，结合了歙砚的千年文化底蕴及贺兰石的独特材质，并融入自己的创作思想，提升了贺兰砚雕刻技艺的多样性。其间授徒10余人，多次代表宁夏参加展会，并多次获得奖项。2010年11月，在西夏区原江南小区创办个人工作室。2013年，工作室搬迁到军马场。2015年，为了再次提高砚雕创作水平，让雕刻水平更进一步，向柯桂海学习，人物雕刻方面有了明显提高。2016年9月，获第一届贺兰砚紫荆花杯优秀奖（国家级）。2019年10月23日，在银川市金秋贺兰砚制作技艺传承大赛中获优秀奖（市级）。2019年12月31日，获西夏区优秀传承人称号（县级）。2019年3月，在第三届宁夏工艺美术师评选中获优秀创作奖（市级）。2020年10月19日，参加全国文房四宝用品制作职业技能竞赛（宁夏赛区），获优秀选手奖（省级）。2021年10月，参加贺兰砚技艺大赛，获优秀奖。2021年，参加由文旅局组织的抗击疫情志愿者活动，获《志愿者荣誉证书》(县级)。

汪朝武的雕刻技法讲究线条流畅，刀法尤以圆刀居多，圆刀比平刀要难很多，在表现人物表情、衣褶、云纹等上面有独特效果。从砚材取型到设计都讲究整体效果。一方好的砚台，一半靠设计，一半靠刀功。

汪朝武认为贺兰石石质细腻，色彩丰富，是砚石当中难得的瑰宝。在社会各界的领导和群众的支持和推广下，贺兰砚已经得到了全国砚台爱好者及收藏家的认可，未来贺兰砚将走向全世界。

35.叶大魏：打破传统，大胆创新，相信未来

雨巷

规格：33 厘米 × 21 厘米 × 4.1 厘米

简介：运用贺兰石天然石眼作油纸伞，雕刻出《雨巷》诗中的少女，配景为徽派小巷，营造出少女撑着油纸伞独自彷徨在悠长又寂寥的雨巷的意境，也表达了作者对未来生活中美好事物的幻想。

桃花流水鳜鱼肥

规格：24厘米×25厘米×4厘米

简介：贺兰石乌彩厚彩，运用乌彩石上的光晕和自然石色，雕刻出一幅鳜鱼游戈、桃花盛开、水中竹影绰约的生动自然的景象，寓意丰收、自由。

叶大魏，1991年出生于安徽歙县砚雕世家，全国轻工技术能手，宁夏回族自治区工艺美术大师，贺兰砚制作技艺西夏区级代表性传承人，工艺品雕刻高级工，银川市学术技术带头人，工艺品雕刻高级工，贺兰砚协会理事。

年少时随家族叔伯学习制砚。2008年，离开家乡远赴宁夏从事贺兰砚雕刻。经过十余年的历练，叶大魏擅长浅浮雕、薄艺雕，雕刻手法娴熟、精湛，作品以传统题材为主，细节刻画游刃有余，意境深远。

作品《满园春色》在第六届“中华砚”全国精品砚台评选中荣获一等奖。

在首届全国文房四宝用品制作职业技能竞赛中，获宁夏赛区（宁夏、四川、重庆、甘肃）第一，全国第九。2021年10月12日，参加由宁夏回族自治区文化和旅游厅主办的“贺兰魂·黄河情”宁夏贺兰砚制作技艺大赛，作品《涅槃》获二等奖，作品《众志成城》被宁夏博物馆永久收藏。

叶大魏，作为“90后”，勇于拼搏，大胆创新，雕刻技艺水平得到提升，给自己的事业开创了一个新局面。2016年，创办了“徽砚阁”，把家乡文化底蕴深厚的徽派技艺带到宁夏，把江南水乡的柔美刻画在塞北大漠的贺兰石上，给贺兰砚增添了新的力量。多年来，积极参与全国各地的砚雕艺术交流活动，在艺术的道路上不断思索钻研，使自己的创作构思和砚雕技艺更上一个新的台阶。

叶大魏认为贺兰砚是宁夏独具特色的文化艺术标志与符号，更是黄河流域非物质文化遗产的典型代表。他相信，未来贺兰砚在政府的支持下和广大从业者、爱好者的努力下，会有更好的传承和发展，也愿意为此贡献自己的一份热爱和力量。

36.张大源：将古青铜纹饰完美地展现于贺兰砚上

百子图

规格：22厘米×16厘米

简介：寓意多福多寿，多子多孙，子孙昌盛，万代延续。

张大源，中级工艺美术师。

张大源与贺兰石结缘于2013年，从此喜欢上了贺兰砚雕刻，他觉得从一块平平无奇的石头变成一方精致而典雅的砚台，是一个让人非常享受且沉迷的过程。

2019年10月，在银川金秋贺兰砚制作技艺传承成果技艺大赛中荣获三等奖。2019年12月，被中国贺兰砚之乡西夏区贺兰砚协会评为西夏区优秀传承人。2020年7月，作品《天下黄河富宁夏》在银川市贺兰砚文旅商品创意大赛中荣获三等奖。2020年11月，在2020年全国行业职业技能竞赛全国文房四宝用品制作职业技能竞赛中荣获“优秀选手”。2021年4月，获得中国轻工业联合会职业能力评价三级证书（高级技能）。

张大源擅长青铜纹饰类雕刻，风格则以仿古类为主。2012至2014年，师从潘安政老师。2015年，跟随周云峰大师学习贺兰砚雕刻一年。2016年，又回到潘安政老师那里学艺。张大源将古青铜纹饰完美地展现于贺兰砚上，使砚台极具观赏性，并显得深远厚重。

37.刘银春：将古丝路景象展现在贺兰砚上

龙凤呈祥

规格： 19.5 厘米 × 19.5 厘米 × 8.5 厘米

简介： 寓意吉祥如意，国泰民安。龙和凤是祥瑞的象征，也代表着人们在新的一年里希望风调雨顺、五谷丰登、平安幸福的美好愿望。

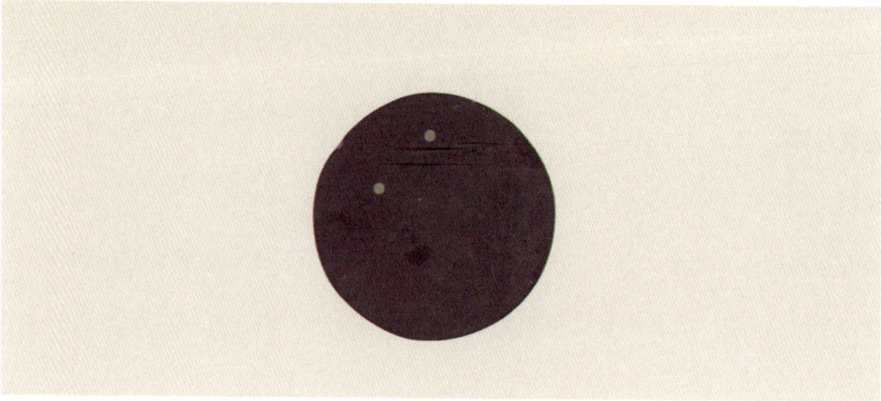

塞上风光

规格： 13厘米×13厘米×2.2厘米

简介： 雕刻着水鸟、芦苇、蓝天、白云，以此表达宁夏风光美丽，宜居宜业。

刘银春，1990年出生于银川市永宁县，永宁县自强模范，初级工艺美术师，宁夏工艺美术协会会员，贺兰砚协会会员，贺兰砚制作技艺非遗传承人，宁夏工艺美术大师。

刘银春因为事故，右下肢残疾。2008年，去永宁县残联换残疾证的时候，遇到负责永宁县残疾人教育就业的主任，主任说："银川有个贺兰石雕刻培训班，有时间参加吗？"他当时辍学在家，就去参加了。他和贺兰砚的缘分就是从这个时候开始的。

刘银春师从自治区级代表性传承人王辉。王辉老师把学得好的、愿意继续学的，带到厂里面继续学习贺兰砚雕刻。刘银春当时非常喜欢贺兰砚雕刻，再加上学个手艺能养活自己，就在2009年进厂了。刘银春雕刻贺兰砚已有十几年了，做着喜欢的事情，收入也还可以，自己还是挺自豪的。

2015年，荣获永宁县自强模范荣誉称号。2019年，荣获宁夏工艺美术学会优秀作品展金奖。2019年，荣获银川市金秋贺兰砚制作技艺传承成果大赛二等奖。2019年，荣获银川市非遗职工技能竞赛第三名。2019年，荣获西夏区优秀传承人称号。2019年，荣获银川市金凤区非遗文创大赛三等奖。2020年，荣获银川市贺兰砚文旅品创意大赛优秀奖。2020年，荣获全国文房四宝用制品制作职业技能竞赛宁夏赛区优秀选手奖。2020年，荣获永宁县首届手工制作大赛雕刻类一等奖。2020年，荣获宁夏文物旅游创意大赛优秀奖。2020年，取得了助理工艺美术师职称。2021年，获“贺兰魂 · 黄河情”贺兰砚制作技艺大赛优秀奖。2022年，获银川市第七届残疾人职业技能贺兰石雕刻竞赛一等奖。2022年，荣获宁夏回族自治区残疾人职业技能贺兰石雕刻竞赛二等奖。

代表作品《丝路宁夏》对他来说是比较有意义的一件作品。这件作品不大，但是巧妙地运用贺兰石天然石眼、彩带等作为黄河落日，并巧雕沙漠、骆驼、大雁，展现出了“大漠孤烟直，长河落日圆”的丝路景象。

刘银春擅长仿古纹饰、山水花鸟的浅浮雕。他的作品线条流畅柔美、刀工细腻、技艺精湛，雕刻以透雕和浮雕为主，辅以线雕、圆雕等多种手法。刘银春觉得贺兰砚是一个重要的文化载体，无论境遇如何，他都会一直坚持下去，努力提高自己，将贺兰砚雕刻技艺传承下去。

38.李妮娜：在“相石”和“俏色”之间感悟贺兰砚

花好月圆

规格：11.6厘米×15厘米×2.8厘米

简介：石料选用贺兰石上等红刚石品。题材选用中国传统花鸟，手工雕琢而成。图中两只鸟犹如伴侣站在盛开的花枝上互相依偎，彼此亲密，画面美好。

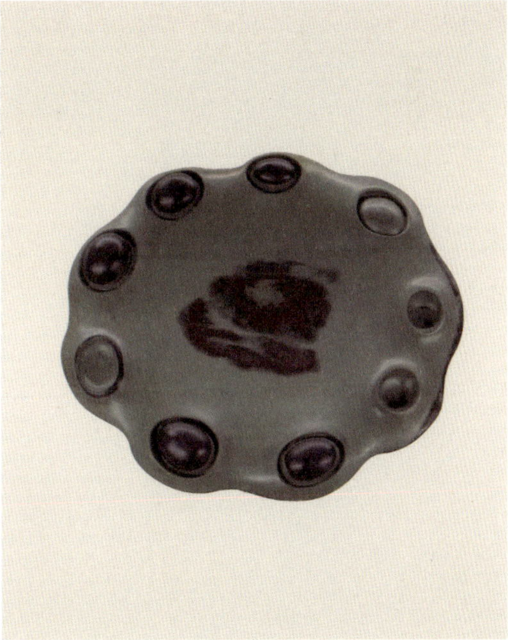

多子多福

规格：11.6厘米×15厘米×2.8厘米

简介：运用贺兰砚石的色彩，巧妙地运用紫色，“紫”“子”同音，寓意人丁兴旺、幸福美满。

李妮娜，1987年出生，河北保定人，现居宁夏贺兰县，中国民间文艺家协会会员，宁夏民间文艺家协会会员，银川市民协会员，贺兰县民协会员，银川市学术技术带头人，贺兰县非遗传承人，宁夏鸿源金石艺术文创有限公司负责人。

2008年，开始从事贺兰砚雕刻。2014年，作品参加中国工艺美术协会百花杯精品展览。2020年5月，获贺兰县黄河流域非遗作品创意大赛优秀奖。2020年7月，获自治区庆建党百年民间工艺作品展二等奖、银川市庆建党百年民间文艺作品展三等奖。

多年来，她在“相石”和“俏色”方面感悟颇深，作品随彩造形，画面绿紫分明，互相衬托，突出主题。所制贺兰砚多以意境雕刻为主，让人感觉身临其中，意境非凡。作品曾多次参加市级、省级及国家级大型展会和非遗活动。

李妮娜认为贺兰砚是具有宁夏特色的民间工艺美术品，也是宁夏的一张特色名片，要充分发挥贺兰石和贺兰砚的优势，打造靓丽名片，把宁夏宣传出去。

39.王冰甜：不言放弃，相信一切都会越来越好

葡萄

规格：31 厘米 × 31 厘米

简介：葡萄上面有很多果实，表示多子多福，人丁兴旺。

喜上眉梢

规格： 19.5厘米 × 19.5厘米

简介： 傲立于雪中的红梅象征着生活红红火火，而树枝上的喜鹊则向人们预报着喜事即将来到。

王冰甜，女，1985年，生于广西壮族自治区宁明县。工艺美术师，2021年被评为贺兰县级非物质文化遗产项目代表性传承人。宁明县历史悠久、文化厚重，拥有2000多年的历史的花山岩画，是中国首个岩画类世界遗产，王冰甜自幼受家乡文化影响喜欢绘画、手工制作。16岁时，到河北省易县小姨父家做客，小姨父是河北省砚雕大师，第一次见到他的作品，便被作品深深吸引，开始学习砚台雕刻，由于天资聪颖又勤奋好学，很快掌握了立体雕、镂空雕、浅浮雕等雕刻技法。几经周转，于2005年到了宁夏银川，开始雕刻贺兰砚。因为贺兰砚与爱人王亮相识，2016年夫妻二人共同创办砚雅堂。

2016年9月，作品《爱香浮动》《韬光养晦》被评为宁夏第一届贺兰砚“紫荆花”杯精品大赛优秀奖。2019年，在第三届宁夏工艺美术大师评选中获得“优秀创作奖”。2020年7月，作品《思年华》被评为银川市贺兰砚文旅商品创意大赛三等奖，并获“最佳网络人气”奖。2021年，荣获贺兰县黄河流域非遗作品创意大赛三等奖。2021年10月，作品《平安仿古砚》获“贺兰魂·黄河情”宁夏贺兰砚制作技艺大赛二等奖。2021年，被评为贺兰县级非物质文化遗产项目代表性传承人。

王冰甜认为，作为非遗传承的一分子，要努力把贺兰砚做好，把这一份文化好好地传下去，即使面临困境，也不要放弃，相信以后会越来越好！

40.王鹏伟：让孔雀在砚台上栩栩如生

花好月圆

规格：22 厘米 × 13 厘米 × 3 厘米

简介：以传统花鸟为主题，以天然红刚石设计、雕刻花枝，一对红色的鸟如情侣般立在花枝上，圆形砚池犹如一轮圆月，寓意花好月圆。

鸟语花香

规格：16 厘米 × 10 厘米 × 2.8 厘米

简介：以贺兰石两色石设计、雕刻花枝，一对鸟如情侣般立在花枝上，远近景色构成一幅鸟语花香的画面。

王鹏伟，男，出生于1998年，宁夏西吉人，现居宁夏贺兰县。现为宁夏工艺美术协会会员，银川市民间文艺家协会会员，贺兰县级非遗传承人，宁夏鸿源金石艺术文创有限公司首席制砚师。

2012年，开始随师父崔小录学习砚雕技艺，其间经常随师父崔小录拜访全国各位制砚大师，学习并交流研讨贺兰砚制作技法。2020年7月，参加贺兰文创基地贺兰砚揭牌仪式活动。2020年8月，中国民协潘鲁生主席调研文创基地并参观王鹏伟贺兰砚作品。2020年12月，自治区副主席赖蛟来贺兰文创基地调研工作并参观王鹏伟贺兰砚作品，给予高度评价。2021年4月21日，随师父崔小录参加银川市非遗中心贺兰砚雕刻技艺现场操作活动。同年，庆祝建党一百周年作品《黄河金岸》入选“礼赞百年·银川之光”艺术作品大展。

王鹏伟所制贺兰砚独具风格，以深浮雕为主，擅长雕刻孔雀砚，所雕刻孔雀采用俏色雕刻技艺，孔雀身子以豆绿色为主，尾羽利用贺兰石天然色彩层次手工雕刻而成，栩栩如生。

王鹏伟经多年的制砚学习经历，受到相关领导及各界友人的鼓励和肯定，因此更加信心十足地坚定了制砚学艺的决心，也坚定了为贺兰砚的传承尽自己一份力的决心。

41.韩彦豪：用不同的色彩突出主体

莲蓬

规格：8厘米×7厘米×5.5厘米

简介：寓意多子多福，路路都通。

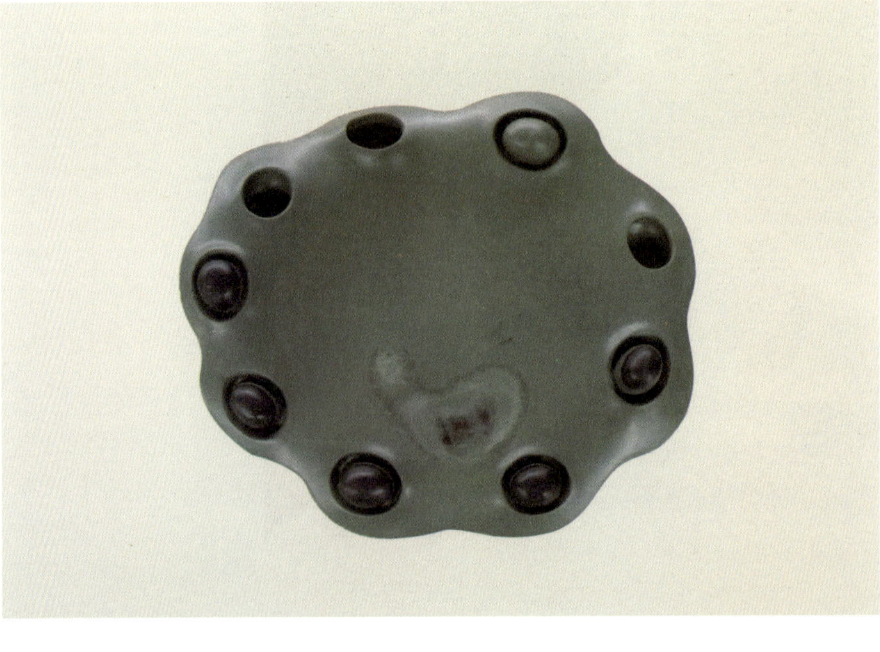

麒麟献瑞

规格： 20厘米×13.5厘米×2.5厘米

简介： 寓意祥瑞、太平、招财进宝等。

韩彦豪，男，1999年生人，现居宁夏贺兰县。2015年，随师傅崔小录在贺兰县习岗镇新平八队学习砚雕技艺，跟随师傅创办小录砚雕艺术工作室。在宁夏制砚8年当中，经常随师父崔小录学习并交流研讨贺兰砚制作技法。天资聪慧，勤奋好学，技艺突飞猛进，其间作品在银川市西塔文化市场“崔氏砚阁”艺术品店展出经销。所制贺兰砚以立体手刻技法表现，主要擅长雕刻牡丹砚。以《国色天香》为例，主砚以牡丹花卉为主体，选用同种色彩进行雕刻，然后用另外的色彩做些昆虫或者飞鸟，利用不同的色彩突出主体。刀工干净，线条灵活。作品常参加国家级、区级展会及非遗活动。

42.马会杰：镂空等技法使作品有了质的提升

上古神兽

规格： 18 厘米 × 18 厘米 × 6.8 厘米

简介： 采用贺兰石后山老坑料。选用《山海经》中上古神兽图案。纯手工精雕细琢而成。寓意四海升平，八方祈福。

荷塘月色

规格：26 厘米 × 16 厘米 × 4.5 厘米

简介：采用贺兰石上等平彩石料，选用中国传统吉祥图案——荷花和莲蓬为主题，寓意和和美美，多子多福。

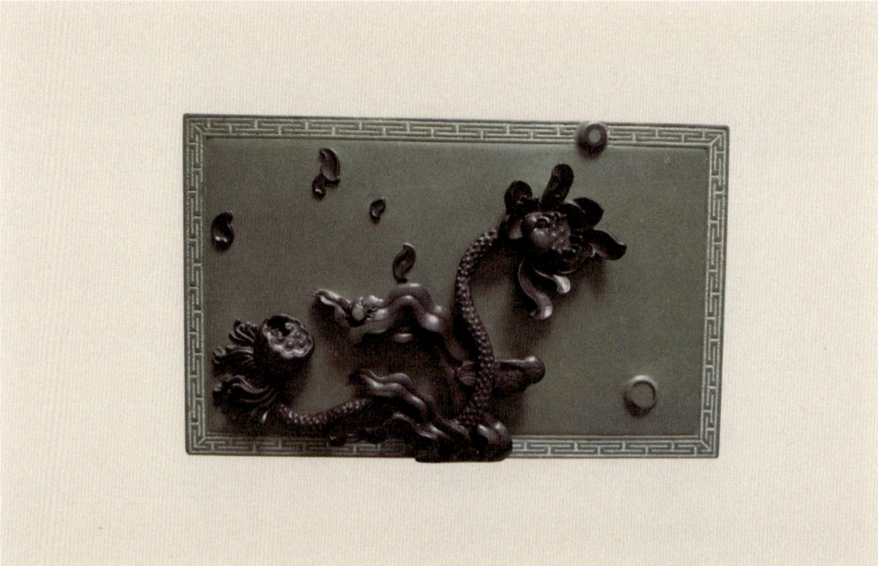

马会杰，男，1976年出生，现居宁夏贺兰县。宁夏工艺美术协会会员，贺兰砚雕刻师。1995年，在家乡随师傅崔瑞田学习制砚技艺。2012年，被崔小录聘请制砚，协同创办小录砚雕艺术工作室，经常和宁夏各位工艺大师学习并交流研讨贺兰砚制作技法。作品在银川市西塔文化市场“崔氏砚阁”艺术品店展出经销，并协同多名手艺精湛的大师创作大型作品，至今在贺兰县金贵镇红星工作室制砚。

马会杰所制贺兰砚主要以传统山水雕刻题材为主，利用贺兰石天然的色彩层次及红刚石，使雕刻完成后的山水具有非常鲜明的色彩对比，远近景层次分明，结合俏色、镂空等技法使作品质感进一步提升。

作品《塞上江南好地方》获宁夏工艺美术学会首届大展二等奖。马会杰受到很多相关领导及各界友人的鼓励和肯定，使他更坚定了制砚学艺的决心，并愿为贺兰砚贡献自己的微薄之力。

第四部分：砚展

贺兰砚制作技艺与时俱进，走出非凡之路

非物质文化遗产最大的特点是不脱离民族特殊的生活生产方式，是民族个性、民族审美的“活”的显现。它依托于人本身而存在，以声音、形象和技艺为表现手段，并以身口相传作为文化链而得以延续。因此对于非物质文化遗产传承的过程来说，人的传承就显得尤为重要。贺兰砚工匠大师们与时俱进，走出了一条与众不同的非凡之路。

01.宁夏非遗保护，让非遗焕发出新的生命活力

非物质文化遗产是指各族人民世代相传，并视为其文化遗产组成部分的各种传统文化表现形式，以及与传统文化表现形式相关的实物和场所。非物质文化遗产是一个国家和民族历史文化成就的重要标志，是优秀传统文化的重要组成部分。“非物质文化遗产”与“物质文化遗产”相对，合称“文化遗产”。

根据联合国教科文组织的《保护非物质文化遗产公约》定义，“非物质文化遗产”是指被各社区群体，有时为个人，视为其文化遗产组成部分的各种社会实践、观念表达、表现形式、知识、技能及相关的工具、实物、手工艺品和文化场所。这种非物质文化遗产世代相传，在各社区和群体适应周围环境以及与自然和历史的互动中，被不断地再创造，为这些社区和群众提供持续的认同感，从而增强对文化多样性和人类创造力的尊重。

在不同的国家，被纳入非物质文化遗产的项目并不完全相同，因为每个国

家的民族、历史、文化乃至国情都不甚相同。因此，每个国家对于非物质文化遗产的具体分类并非完全一致。但是，联合国在综合了各国的非物质文化遗产情况之后，由联合国教科文组织颁布的《保护非物质文化遗产公约》中，对于非物质文化遗产的分类几乎涵盖了世界各国的基本情况，而中国的学者们提出的非物质文化遗产的分类，几乎是以这部公约所确立的体系为基础确立的。

中国对于非物质文化遗产的分类，并没有一个统一的明确的分法，而是由不同的学者从不同的维度进行了多种分类，如王文章在其《非物质文化遗产概论》中提出的13类分法，向云驹在其《人类口头和非物质遗产》中的4大类分法，以及周耀林等人撰写的《论我国非物质文化遗产分类方法的重构》提出的宏观、中和、微观的分类方法等。其中得到业界比较多认可的是王文章的13类分法，即：①语言；②民间文学；③传统音乐；④传统舞蹈；⑤传统戏剧；⑥曲艺；⑦杂技；⑧传统武术、体育与竞技；⑨民间美术、工艺美术；⑩传统手工技艺及其他工艺技术；⑪传统的医学和药学；⑫民俗；⑬文化空间。

贺兰砚制作技艺属于中国传统手工技艺，被列入非遗技艺后，与其他非物质文化遗产一样，表现出了以下4个特性：

“文化”——非物质文化遗产的性质

“非遗”，有着文以化人的礼乐作用，大部分是先辈在劳动、生活中对忧乐、生死、婚配、祖先、自然、天地的态度的表达，是满足人的自然需求、社会需求和精神需求的活态文化。其实用性，是建立在以人为本的基础上的。但在现实保护过程中，遗产的文化品质在不断消解，功利性目的越来越突出，甚至“非遗”的留存、申报乃至保护，都有着强烈的利益驱动。不仅是个人的需

《行在远方》贺兰石名片架

《西夏时刻》贺兰石摆件

要，还有当地政府的助推，使得申遗工作变成了本地的广告、旅游的宣传、增值的途径。更有甚者，对“非遗”的申报就是一个异化、商品化、从文化常态中剥离的过程。没有经济利益的冲动，就没有多少人会从文化本位上关注“非遗”。

“遗产”——非物质文化遗产的渊源

“非遗”是先辈通过日常生活的运用而留存到现代的文化财富。虽然随着族群所处环境、与自然界的相互关系和历史条件的变化，这种代代相传的非物质文化遗产得到创新，但对“非遗”的文化认同感和历史感是始终不变的。对于现代的“非遗”，保留自然状态和真实性而减少人造的成分、继续保持日常性而减少节庆性、增强实用性而减少表演性、体现民间性而减少官方性，才能还原前人的“非遗”并对后人产生作用，缺失了这种作用，“非遗”就成了包袱。特别是现代看到的“非遗”，大部分是农耕时代形成并在相对封闭落后的地方保存下来的，能否在现代化的大潮中继续发挥作用、如何避免被现代性同化而发挥作用，是非遗传承人需要考虑的问题。

“保护”——对非物质文化遗产的态度

“保护”一词用于非物质文化遗产，本身就说明了非物质文化遗产的脆弱性。任何事物都有产生、成长、延续、消亡的过程，“非遗”亦是如此。“非遗”自身如果没有足够的生命力继续发展下去，对其保护就成了一种“临终关怀”。当一个“非遗”不能让后人自觉传承而需外力被动留存时，则需要考虑

《静思》盆景

《荷花》香插

其维持的时间。当一个“非遗”要靠项目申报的方式来保护而自身难以维系时，需要想到有多少没有被列入申遗的非物质文化遗产在没有被人们关注到的偏远村落苟延残喘直到停止呼吸并随着岁月渐渐流失。现代化的冲击，商品化的影响，使非物质文化遗产失去了原有的生存土壤和社会环境，也就慢慢走向消亡。当一个文化项目被装进保护的温室里，供后人从外部考察、观看、品味的时候，也许这已经是一种凭吊了。

“名录”——对非物质文化遗产价值的认同

基于西方的学术理念，按照西方文化分类方式和程序进行申报，也因为符合西方的价值评判标准而被列为世界非物质文化遗产名录。在这个过程中，“非遗”本身可能被肢解，系统的整体性可能被碎片化，活态性演变成标本化，进而失去了原来的模样。

非物质文化遗产之所以要保护，不是因为好看，而是因为有用。如果“非遗”是中看不中用的东西，对于非物质文化遗产的保护就跟古董和艺术品收藏没有什么区别了。在中华民族伟大复兴的时代，非物质的无形遗产更加重要，它包含着难以言传的意义、情感和特有的思维方式、审美习惯，蕴藏着传统文化的最深的根源，保留着形成该民族文化的原生状态。

同时，非物质文化遗产名录是保护非物质文化遗产的一种方式，而申请和被列入非物质文化遗产名录具有多方面的好处：

其一，有利于规范地保护非物质文化遗产，避免过度开发、人为破坏或者被其他国家或地区抢先申请，比如2004年韩国向联合国教科文组织申报端午节为它的非物质文化遗产。

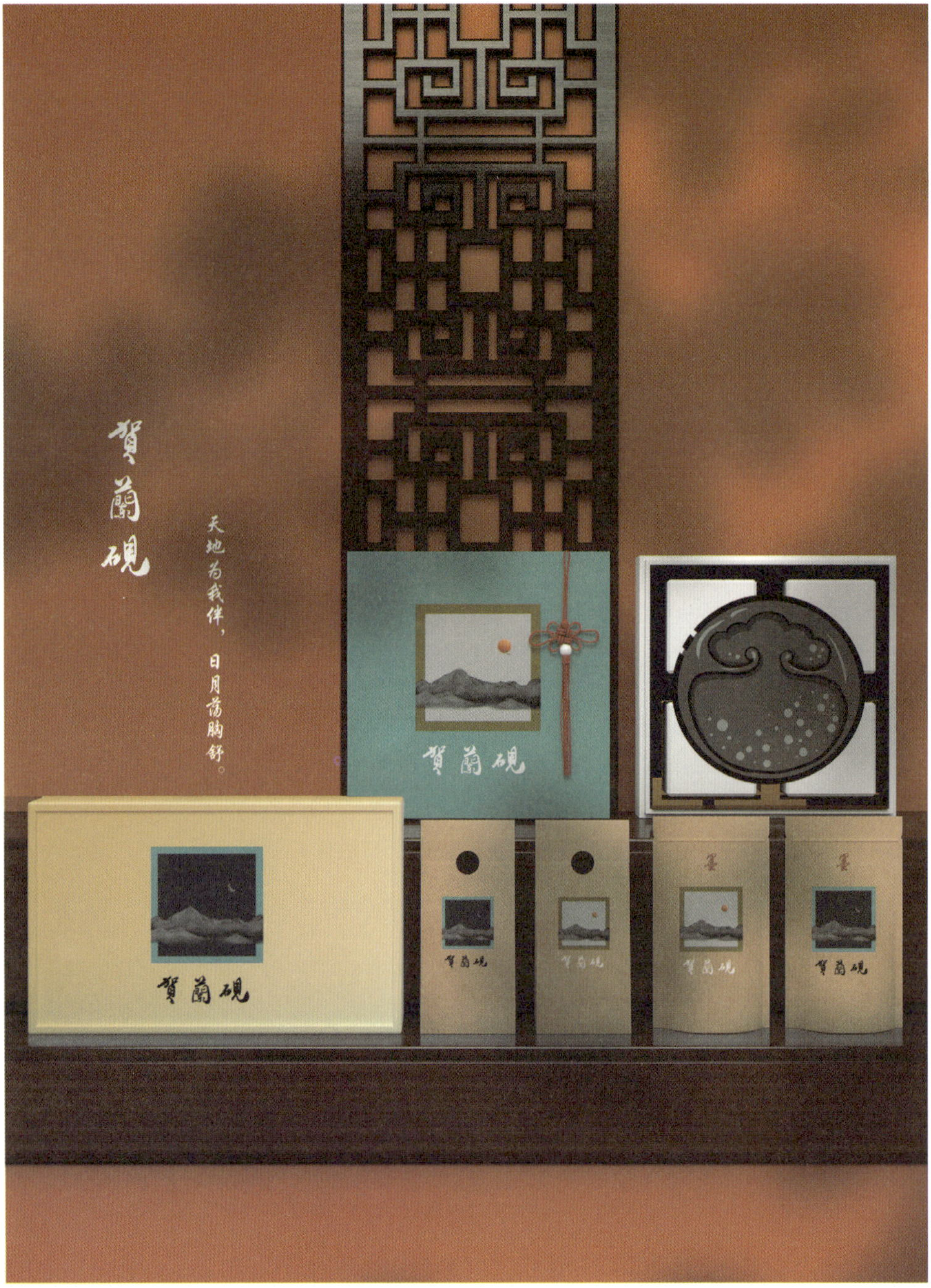

贺兰砚包装

其二，有利于提高非物质文化遗产的知名度，增加所在地区的文化软实力。入围非物质文化遗产名录会在各个媒体进行宣传，就像获得奖项一样，可以大大提高非物质文化遗产甚至所在城市的知名度。

其三，可以吸引游客，增加当地旅游收入和城市就业机会。加入非物质文化遗产名录，尤其是国家级非物质文化遗产名录和世界文化遗产名录，可以吸引全国乃至全世界的游客前来参观，由此可以带来更多的收入，也可以促进当地的就业。

非物质文化遗产的保护和传承关乎文化血脉赓续，有利于提升民族文化自信、铸牢中华民族共同体意识。宁夏留存有丰富的非遗资源，其中一部分非遗传承项目涉及衣食住行用等生活的诸多方面。近年来，宁夏大力推动非遗活态传承保护，促进非遗与旅游、乡村振兴等融合发展，古老的非遗文化结合新时代元素创造性转化、创新性发展，正不断融入百姓生活，焕发出新的生命活力，绽放出更加迷人的光彩。

2021年9月，《宁夏回族自治区非物质文化遗产保护条例》（以下简称《条例》）正式实施。《条例》提出，要建立自治区、市、县三级非物质文化遗产代表性项目名录保护制度，将非物质文化遗产项目列入名录予以保护。自治区人民政府、文化和旅游主管部门应当根据需要安排专项资金，用于非遗的调查与研究，征集、收购珍贵资料和实物，抢救濒危非遗项目，开展非遗传承和传播活动，推进重大项目的保护利用及其设施建设，培养非遗代表性传承人等。

政府层面在法律制度上的保障，使得非物质文化遗产保护有法可依，进入规范化的良性循环。同时，《条例》打破了非遗代表性传承人“终身制”，即非遗代表性传承人无正当理由不履行规定义务或丧失传承能力时，文化和旅游主管部门可以重新认定该项目的代表性传承人。这在公平公正的环境中，调动了传承人的积极性，使他们在传播宁夏非遗保护好声音的同时，将独有的技艺转变为共享的文化资源，走出了一条传承创新之路。而随着保护力度的不断加大，市民的参与意识也日益增强，使他们有机会走进传承人的工坊、基地，可以亲手参与制作手工艺品，不仅为走进、了解非物质文化遗产打开一扇窗口，同时还能感受到非遗文化的魅力，让传统文化焕发出新的光彩。

风华绝代

02.红色文化让贺兰砚更红更火了

红色文化是在革命战争年代，由中国共产党人、先进分子和人民群众共同创造且极具中国特色的先进文化，蕴含着丰富的革命精神和厚重的历史文化内涵。红色文化是一种重要资源，包括物质文化和非物质文化。

一个国家、一个民族不能没有灵魂，要坚定文化自信。文化自信关系国运兴衰、文化安全和民族精神独立性。坚定文化自信是实现中华民族伟大复兴的必然要求，只有坚定文化自信，才能培固民族精神之“根”，熔铸理想信念之“魂”，涵养核心价值之“源”。

宁夏具有光荣的革命传统和厚重的革命历史，属于全国红色文化资源较富集省区。宝贵的红色文化资源，已成为今天全面建设社会主义现代化国家而团结奋斗的精神动力。为了让更多人了解并参与非遗传承，需要从完善制度、增加投入等方面发力，解决非遗传承中存在的现实难题，吸引更多年轻人爱上非遗、传承非遗，让非遗在生活中再现，把历史文脉更好地传承下去，使其熠熠生辉。同时，宁夏充分用好用活本地红色资源，例如，在贺兰石刻技艺上，让

HAO
SHI
YAN
郝氏砚
书中有天地 山石可做笺
贺兰石禅意线式书签（可调尺寸）
人生如逆旅 我亦是行人
见山是山 见山不是山 见山还是山

贺兰石书签

贺兰砚文创产品包装盒

賀蘭
HELANYAN
硯
賀蘭
HELANYAN
硯
賀蘭硯
賀蘭硯
賀蘭
HELANYAN
硯
賀蘭
HELANYAN
硯

贺兰砚外包装

“非遗”不再是古老的代名词，也成为红色文化的宣扬者和引领者。这不仅使贺兰石的艺术创作载体扩大了，也让贺兰石刻艺术更红、更火了起来。

六盘山山路曲折险狭，须经六重盘道才能到达顶峰，因此得名。山地东坡陡峭，西坡和缓。山腰地带降雨较多，气候较为湿润，宜于林木生长，有较繁茂的天然次生阔叶林。因此，六盘山成为黄土高原上一个“绿色岛屿”。以六盘山脉、贺兰山脉与清水河、黄河构成的自然地理环境，是宜农宜牧最佳地带，既是天然的粮仓，又是古代蓄养军马的最佳游牧地带。

从这个意义上说，六盘山在中国的山脉里是与众不同的，甚至独一无二的。它不是分水岭也不是分界线，它更像亦农亦牧的黄土高原上的一座丰碑、一种高度、一个标志。它不属于能为人类生活划出界线的父亲式的山脉，它更像一位母亲，在水乳交融中完成了文明的孕育。

六盘山也是红军长征翻越的最后一座高山，蕴含着丰富的红色文化资源，孕育了“不到长城非好汉”的革命精神。“不到长城非好汉”不仅仅是毛泽东《清平乐·六盘山》的经典名句，更是长征精神的最高境界和中国革命精神的制高点。“不到长城非好汉”精神就是长征精神赋予“革命理想高于天”新内涵的最高境界，是中国共产党人创造出来的革命风范，是中华民族自强不息民族品格的集中展示，是以爱国主义为核心民族精神的最高体现，在中国革命、建设和改革的实践中不断得以传承和发展。

前文说过，1960年，闫子江、闫子洋受宁夏政府派遣，到北京人民大会堂参加宁夏厅建设，用了整整3年时间，雕刻了大型挂屏毛主席手书《清平乐·六盘山》《红军长征过六盘》等一批贺兰石雕工艺品，使“闫家砚”的名气广为流传。新一代贺兰砚制作技艺的传承人，让红色文化和精神在贺兰石上相映、交融，在铸魂育人的过程中放射出新的时代光芒。

贺兰砚包装盒

贺兰砚挂坠

贺兰砚文创

03.与时俱进，创作出更多好作品

作家、艺术家不但要从细节上去把握时代特色，更要从宏观上去认识时代本质，洞察历史发展趋势，把握时代走向，从而建构美好远大的艺术理想。不能只看到“小环境”而看不到“大时代”，不能只见杯水风波而不见大江大河的奔流。

只有自觉站在民族历史使命的高度，从广大人民的意愿和心声出发，从各条战线齐心奋斗的火热现实里提炼时代精神，表现时代风尚，才能使作品产生推动和鼓舞时代前进的思想正能量，为时代奏响开拓美好未来的前进号角。

宁夏有着丰富的文化与自然遗产，尤其是凝聚着历代先民智慧与情感的非物质文化遗产，不仅生动述说着过去，而且也深刻影响着当下和未来，是一笔必须保护好、传承好的财富。而非物质文化遗产作为一种活态文化，不能离开传承人而独立存在。当各种非遗活动和技艺频频出现在大众视野，非物质文化

贺兰石书签

贺兰石书签组合

遗产既是一种传统文化的表现形式，也是艺术价值的体现。作为非遗传承人，也应像作家、艺术家一样，至少要将自己融入时代的火热生活，将非遗这门独有的技艺转变为共享的文化资源，走出一条传承、创新之路。在这方面，贺兰砚制作技艺传承人与工匠、大师们与时俱进，创作出了许许多多的好作品。作品表现多元且丰富，在自我革新中记录了我们生存的这个时代。

为了推动非遗与时俱进，宁夏主要在以下三个方面发力：

第一，将非遗与现代生活有机结合。宁夏鼓励传承人在保持传统技艺的基础上，探索非遗与现代生活的有机融合，使得“活起来”的非物质文化遗产，不仅能展现多彩的民族文化与深厚的民族记忆，还能带来巨大的经济价值，成为开启人们美好生活的一把“金钥匙”。

当今社会，人们的书写方式变了，对砚的实用性减弱了，但对砚的观赏性提高了。针对这一现实，在贺兰砚吸收端砚、歙砚，以及竹雕、牙雕等表现手法，通过镂空、浮雕、薄艺等雕法创新，出落成活脱脱的艺术品的同时，传承人利用贺兰石的天然双色、交相掩映等特点，还将贺兰石雕刻成精美的印章，小巧玲珑的茶具、镇纸、笔架、台灯和其他案头陈设，为人们增加不少情趣。

第二，非遗为宁夏旅游文化服务。过去五年，自治区文化和旅游厅用独特的文化旅游资源，加快文化旅游产业高质量发展，努力打造国家全域旅游示范区。立足“文化强区、旅游富民，为产业赋能、促民族融合，展示美丽新宁夏”战略定位，让文旅产业主动融入国家发展大局、黄河流域全局、宁夏发展格局，促进产业深度融合、消费结构不断优化、产业动能加速释放。

近年来，银川市高度重视贺兰砚产业的发展，在政策支持、人才培养等方面做了大量卓有成效的工作，全市现有贺兰砚国家级工艺美术大师6人，各级传承人100余人，年均举办各类技艺展示、培训、展销活动近百场，有贺兰砚

贺兰石镜盒

岩画创意瓶

制作、雕刻技艺公司、工作室、传习点等100余家，带动创业就业4000人。宁夏贺兰砚被列入中国十大名砚，制作技艺被评为国家级非物质文化遗产项目，银川市西夏区更被命名为中国贺兰砚之乡。

银川市开展贺兰砚文旅商品创意大赛，深入挖掘贺兰砚雕刻的历史文化内涵，以宁夏地域特色元素、文创产品、文旅商品、宁夏葡萄酒、枸杞等内容为主题，创作了一批贺兰砚文化旅游创意设计及新秀创意类佳作。每一件作品就像一幅画、一首诗，一草一木、一山一石、一景一物，都寄托着传承人对生活的向往与追求，对家乡的赞美与热爱，既反映了创作者高超的技巧和艺术修养，又折射出宁夏本土文化的内涵与高度。通过系列活动的开展、推广，大大提升了产品附加值，拓展了文创产品的消费市场，推进了贺兰砚产品向特色化、产业化、集群化、品牌化发展，实现了与教育、旅游、科技、文化休闲等产业实现深度融合，培养出一批精于雕刻、美学和创新等具有综合素养的新型人才，推进非物质文化遗产传承保护，推动贺兰砚文旅商品和产业体系高质量发展，拓展“非遗+”融合发展新路径，拓宽传承人学习、交流、发展新渠道，搭建贺兰砚展示展销新平台。

未来，自治区文化和旅游厅将以高质量发展为统领，以长征、长城、黄河国家文化公园（宁夏段）建设为重点，高标准实施《宁夏文化和旅游发展“十四五”规划》《宁夏文化旅游产业高质量发展实施方案》。到2025年，全区游客接待量力争突破1亿人次，旅游总收入力争突破1000亿元。

非遗为文物旅游的一部分。截至目前，宁夏28项非遗项目列入国家级代表性项目名录，“非遗进万家·文旅展风采”非遗作品创意大赛及系列活动被文旅部列入黄河流域非遗保护行动计划，8个非遗扶贫就业工坊入选国家级非遗扶贫就业工坊，4个非遗项目入选第一批国家传统工艺振兴目录，固原砖雕入

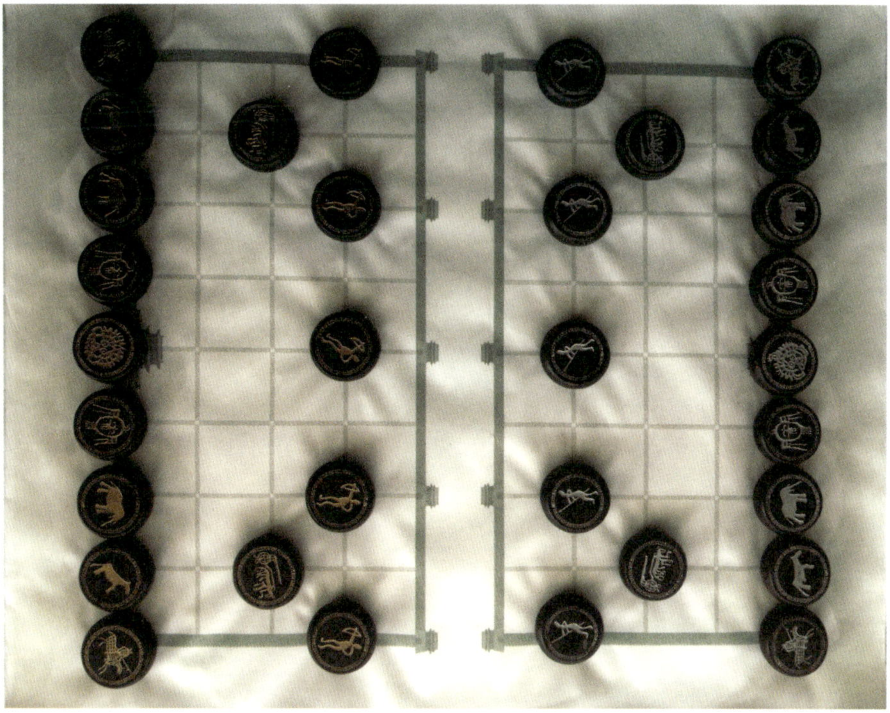

岩画象棋

文房四宝

选全国50个国家级非物质文化遗产代表性项目优秀保护实践案例，隆德剪纸进校园入选全国非遗进校园“十大创新实践案例”，葫芦烙刻画传承人陶瑞珍荣获国家“薪传奖”，固原魏氏砖雕荣获国家“薪传团体奖”。

贺兰砚工匠大师们在为宁夏文化旅游助力、扩容的同时，在刀笔和石头的温柔相遇里，让宁夏的山山水水走进了贺兰砚。宁夏四季分明，海拔相对较高，云层稀薄，空气质量优良，一年有300多天晴天，凭借这得天独厚的地理位置和自然优势，被网友誉为“星星的故乡”。工匠大师们将春仰狮子座、夏观银河、秋寻仙女座、冬追猎户座的旅游体验也刻在了贺兰砚里。

第三，非遗记录了时代的伟大变迁。闽宁镇，隶属于宁夏回族自治区银川市永宁县，地处永宁县县城西部，东邻西干渠，南与吴忠市青铜峡市邵岗镇为界，西接201省道，北至徐黄公路。镇人民政府驻地距银川市区50公里，永宁县城40公里。总面积210平方公里。

1990年10月，宁夏南部山区西吉、海原两县的1000多户百姓，搬迁到银川市近郊的永宁县境内，建立玉泉营、玉海经济开发区，这是闽宁的前身。1997年，福建、宁夏两省区负责同志共同商定建设一个移民示范区，这个地方被命名为“闽宁村”。

2002年2月，以原永宁县闽宁经济开发区设立闽宁镇。2003年7月，玉海经济开发区并入，闽宁镇正式成立。2021年8月25日，闽宁镇入选第一批全国乡村旅游重点镇（乡）名单。2021年9月，闽宁镇入选“2021年全国千强镇”。2001年12月，经宁夏回族自治区人民政府批准，闽宁镇正式成立，闽宁镇在闽宁村的基础上并入玉海经济技术开发区。20多年里，闽宁陆续接纳了来自宁夏“西海固”6个国家级贫困县的4万多名移民。

2016年7月19日，在宁夏考察的习近平总书记前往永宁县闽宁镇原隆移民村。习近平实地察看了闽宁合作开展移民搬迁安置和脱贫产业发展情况，深情回忆了20年前在福建工作时直接推动闽宁合作的情景。

如今，闽宁镇成功进入全国重点乡镇行列。2017年，农民人均年可支配收入达11976元，相比开发建设初期的农民人均年可支配收入500元，增长了22.8倍，已经成为我国贫困地区通过对口扶贫协作走向全面小康的成功典范，成为对口扶贫协作“闽宁模式”的一个样板。

贺兰砚制作技艺非遗传承人不但用手中的刀笔，记录了闽宁镇的伟大变迁，也让这里的葡萄走进了贺兰砚。红提葡萄也叫红地球，俗称美国红提、大红球、晚红，欧亚种。1987年，从美国引入。1996年，引种宁夏永宁县，已发展露地栽培面积1500亩，温室栽培1500亩。黄土成金，红提葡萄就像人们曾黑红的脸膛上流下的血色汗水，晶莹剔透，温暖人心。

有一种初心叫坚守，有一种坚守叫传承。摒弃粗制滥造，树立精品意识，百年的雕刻在传承中形成了古朴含蓄、气息内敛、气韵生动的独特风格，又在与时俱进中走出一条新路。土地温存，平原辽阔，河流向前，生活在这里的人们向上、开阔、包容，坚持、自由并且快乐。黄土、沙子以及美丽无比的银川平原，被一条黄河串连了起来，在贺兰山的呵护下成了文化的魂。宁夏，在贺兰砚的刀刻声里，奏出一首首美妙的歌曲，动听、动情、动人！

后记

党的二十大报告提出，坚守中华文化立场，提炼展示中华文明的精神标识和文化精髓，加快构建中国话语和中国叙事体系，讲好中国故事、传播好中国声音，展现可信、可爱、可敬的中国形象。加强国际传播能力建设，全面提升国际传播效能，形成同我国综合国力和国际地位相匹配的国际话语权。深化文明交流互鉴，推动中华文化更好走向世界。

非物质文化遗产是中华优秀传统文化的重要组成部分，是中华文明绵延传承的生动见证，是联结民族情感、维系国家统一的重要基础。保护好、传承好、利用好非物质文化遗产，对于延续历史文脉、坚定文化自信、推动文明交流互鉴、建设社会主义文化强国具有重要意义。

作为宁夏文化的重要组成部分的贺兰山文化，贺兰石是大自然赋予这方土地至美的原石。老祖宗充分利用贺兰石并留下手工制作贺兰砚的珍贵技艺，把一方方古朴的原石打磨雕琢成精美的砚台。每一方砚台都是一个美丽的故事，这些故事期待与更多的人相遇。

洮河砚、端砚、歙砚、澄泥砚被称作“中国四大名砚”。后起之秀贺兰砚亦有很高的历史文化价值，发墨迅速、不郁结，又耐用，带盖的贺兰砚如同密封器一般，素有“存墨过三天”之誉，与天下第一的端石齐名，深受书法家、画家的喜爱。贺兰砚制作技艺更是宁夏这片土地上一代代工匠大师们的智慧结晶。

对于非物质文化遗产而言，最重要的是传承和人才培养，而非物质文化遗产的保护传承需要专业人才，没有专业人才就无法做到科学保护传承。在采写本书的过程中，我欣喜地看到，宁夏的工匠大师们不但让非物质文化遗产本身得到传承与发扬，还在传统的基础上大胆创新，在砚台里融入现代潮流、新鲜的元素，作品简约、洗练，更符合年轻人的审美，甚至将贺兰石做成了一些实用美观的物件、摆件，让阳春白雪的文化艺术进入了寻常百姓家。立足宁夏的同时也宣扬了宁夏，让更多的人看到了宁夏的艺术、宁夏的文化。这是非常难得的。另有一些人还积极探索电商，开通线上店铺，提升了网络销售业绩。

不管我们走到哪里，心里都会有一片净土，那就是生我养我的地方，曾经熟悉的一切都会在梦里再次出现。方寸之间的贺兰砚台亦是。古人用方寸之间形容人心存放的位置，在贺兰砚的方寸间是宁夏工匠们的热烈的追求、心血的付出与无私的奉献。他们通过贺兰砚制作技艺把美的价值注入美的艺术之中，让作品有灵魂，让思想和艺术相得益彰，传之久远。

推进文化自信自强，铸就社会主义文化新辉煌。我们信心满满！感谢为本书出版做过贡献的每一个人。

主编 张晶

2023年11月1日